# 개념 연결 연산의 발견

**3권**
초등
2학년

---

## "엄마, 고마워!"라는 말을 듣게 될 줄이야!

모든 아이들은 공부를 잘하고 싶어 한다. 부모가 아이의 잘하고 싶은 마음에 대해 믿음을 가지고 도와주는 것이 중요하다. 무작정 이것저것 많이 시켜 부담을 주는 것이 아니라 부모가 내 공부를 도와주고 있다는 마음이 전해지면 아이는 신이 나서 공부를 한다. 수학 공부에 있어서는 꼼꼼하게 비교해 좋은 문제집을 추천해주는 것이 바로 그 마음이 될 것이다. 『개념연결 연산의 발견』을 가까운 초등 부모들에게 미리 주어 아이들이 풀어보도록 했다. 많은 부모들이 아이가 문제 푸는 재미에 푹 빠졌다고 했으며, 문제뿐만 아니라 친절한 개념 설명과 고학년까지 연결되는 개념의 연결에 열광했다. 아이들이 겪게 되는 수학 공부의 어려움을 꿰뚫고 있는 국내 최고의 수학교육 전문가와 현직 교사들의 합작품답다. 아이의 수학 때문에 고민하는 부모들에게 자신 있게 추천한다. 이 책은 마지못해 억지로 하는 공부가 아니라 자발적으로 자신의 문제를 해결해가는 성취감을 맛보게 해줄 것이다. "엄마 덕분에 수학에 자신감이 생겼어요!" 이렇게 말하는 아이의 모습이 그려진다.

**박재원**(사람과교육연구소 부모연구소장)

# 연산을 새롭게 발견하다!

## 잘못된 연산 학습이 아이를 망친다

　아이의 수학 공부 때문에 골치 아파하는 초등 부모님을 많이 만났습니다. "이러다 '수포자'가 되면 어떡하나요?" 하고 물어 오는 부모님을 만날 때마다 수학의 본질이 무엇인지, 장차 우리 아이들이 초등 시절을 지나 중·고등학생이 되었을 때 수학 공부가 재미있고 고통이지 않으려면 어떻게 해야 하는지, 근본적인 고민을 반복했습니다. 30여 년 중·고등학교에서 수학을 가르치며 아이들에게 초등수학 개념이 많이 부족함을 느꼈고, 초등학교 때의 결손이 중·고등학교를 거치며 눈덩이처럼 커지는 것을 목도했습니다. 아이러니하게도 중·고등학교 현장을 떠난 후에야 초등수학을 제대로 공부할 기회가 생겼고, 학생들의 수학 공부법을 비로소 정립할 수 있어 정말 행복했습니다. 그러나 기쁨도 잠시, 초등 부모님들의 고민은 수학의 본질이 아니라 눈앞의 점수라는 사실을 알게 되었습니다. 결국 연산이었지요. 연산이 수학의 기초임은 두말할 나위 없는 사실인데, 오히려 수학 공부에 장해가 될 줄은 꿈에도 생각지 못했습니다. 초등수학 교과서를 독파하고도 깨닫지 못한 현실을 시중에 유행하는 연산 학습법이 알려주었습니다. 교과서는 연산의 정확성과 다양성을 추구합니다. 그리고 이것이 연산 학습의 본질입니다. 그런데 시중의 연산 학습지 대부분은 정확성과 다양성보다 빠른 계산 속도와 무지막지한 암기를 유도합니다. 그리고 상당수 부모님이 이것을 받아들여 아이들을 속도와 암기에 몰아넣습니다.

## 좌절감과 열등감을 낳는 연산 학습

　속도와 암기는 점수를 높여줄 수 있다는 장점을 갖지만, 그보다 많은 부작용을 안고 있습니다. 빠른 계산 속도에 대한 집착은 아이에게 좌절감과 열등감을 줍니다. 본인의 계산 속도라는 것이 있는데 이를 무시하고 가장 빠른 아이의 속도에 맞추기만 하면 무한의 속도 경쟁에서 실패자가 되기 쉽습니다. 자기 속도에 맞지 않으면 자기주도가 될 수 없으니 타율 학습이 됩니다. 한쪽으로 자기주도학습을 강조하면서 연산 학습에서는 타율 학습을 강요하면 아이들의 '자기주도'는 점점 멀어질 수밖에 없습니다. 또 무조건적인 암기는 이해를 동반하지 않으므로 아이들이 수학을 암기 과목으로 여기게 만들고, 이 때문에 많은 아이가 중·고등학교에 올라가 수학을 싫어하게 됩니다. 아이들은 연산 공부와 여타의 수학 공부를 달리 보지 못합니다. 연산을 공부할 때처럼 모든 수학 공부를 무조건적인 암기와 빠른 시간 안에 답을 맞혀야 한다고 생각합니다. 이러한 생각은 중·고등학교를 넘어 평생 갑니다. 그래서 성인이 된 뒤에도 자신의 자녀들에게 이런 식의 연산 학습을 시키는 데 주저하지 않게 됩니다.

## 수학이 좋아지는 연산 학습을 개발하다

이 두 가지 부작용을 해결하기 위해 많은 부모님을 설득했지만 대안이 없었습니다. 부모님 스스로 해결하는 경우가 드물었습니다. 갈수록 피해가 커지는 현상을 막아야겠다고 결심했습니다. 그래서 현직 초등 교사들과 의논하고 이들을 설득해 초등 연산 학습을 정리하고 그 결과를 책으로 내게 되었습니다. 교사들이 나서서 연산 학습을 주도한다는 비난을 극복하고 연산을 새롭게 발견하는 기회를 제공해야 한다는 일념으로 이 책을 만들었습니다. 우리 아이가 처음으로 접하는 수학인 연산은 즐거워야 합니다. 아이를 사랑하는 마음으로 제대로 된 연산 문제집을 만들어보자고 했을 때 흔쾌히 따라준 개념연산팀 선생님들에게 감사드립니다. 지난 4년여 동안 휴일과 방학을 반납하고 학생들의 연산 학습 실태 조사, 회의와 세미나, 집필 등에 온 힘을 쏟아주셨습니다. 그리고 먼저 문제를 풀어보고 다양한 의견을 주신 박재원 소장님과 부모님들께 감사의 말씀을 전합니다.

전국수학교사모임 개념연산팀을 대표하여

최수일 씀

# 연산의 발견은 이런 책입니다!

### ❶ 개념의 연결을 통해 연산을 정복한다

기존 문제집들이 문제 풀이 중심인 반면,『개념연결 연산의 발견』은 관련 개념의 연결과 핵심적인 개념 설명으로 시작합니다. 해당 문제가 이해되지 않으면 전 단계의 문제를 다시 풀고, 확장된 내용이 궁금하면 다음 단계 개념에 해당하는 문제를 바로 풀어볼 수 있는 장치입니다. 스스로 부족한 부분이 어디인지 쉽게 발견하여 자기주도적으로 복습 혹은 예습을 할 수 있습니다. 개념연결을 통해 고학년이 되어서도 결코 무너지지 않는 수학의 기초 체력을 키울 수 있습니다. 연산을 구조화시켜 생각하게 만드는 개념연결은 1~6학년 연산 개념연결 지도를 통해 한눈에 확인할 수 있습니다. 연산을 공부할 때부터 개념의 연결을 경험하면 수학 전체를 공부할 때도 개념을 연결하는 습관을 가질 수 있습니다.

### ❷ 현직 교사들이 집필한 최초의 연산 문제집

시중의 문제집들과 달리, 30여 년간 수학교사로 근무하고 수학교육의 혁신을 위해 시민단체에서 활동하고 있는 최수일 박사를 팀장으로, 수학교육 석·박사급 현직 교사들이 중심이 되어 집필한 최초의 연산 문제집입니다. 교육 경험이 도합 80년 이상 되는 현직 교사들의 현장감과 전문성을 살려 문제를 풀며 저절로 개념을 연결시키는 연산 프로그램을 만들었습니다. '빨리 그리고 많이'가 아닌 '제대로 그리고 최소한'으로 최대의 효과를 얻고자 했습니다. 내용의 업그레이드 뿐 아니라 형식에서도 현직 교사들의 경험을 반영해 세세한 부분까지 기존 문제집의 부족한 부분을 개선했습니다. 눈의 피로와 지우개질까지 생각해 연한 미색의 질긴 종이를 사용한 것이 좋은 예가 될 것입니다.

### ❸ 설명하지 못하면 모르는 것이다 -선생님놀이

아이들은 연산에서 실수가 잦습니다. 반복된 연산 훈련으로 개념을 이해하지 못하고 유형별, 기계적으로 문제를 마주하기 때문입니다. 연산 실수는 훈련으로 극복되기도 하지만 이는 근본적인 해법이 아닙니다. 답이 맞으면 대개 이해했다고 생각하며 넘어가는데, 조금 지나면 도로 아미타불인 경우가 많습니다. 답이 맞았다고 해도 풀이 과정을 말로 설명하지 못하면 개념을 이해하지 못한 것입니다. 그래서 아이가 부모님이나 친구 등에게 설명을 하는 문제를 실었습니다. 아이의 설명을 잘 들어보고 답지의 해설과 대조해보면 아이가 문제를 얼마만큼 이해했는지 알 수 있습니다.

### ❹ 문제를 직접 써보는 것이 중요하다 -필산 문제

개념을 완벽하게 이해하기 위해 손으로 직접 써보는 문제를 배치했습니다. 필산은 계산의 경로가 기록되기 때문에 실수를 줄여주며 논리적 사고력을 키워줍니다. 빈칸 채우는 문제를 아무리 많이 풀어도 직접 식을 써보지 않으면 연산 학습에서 큰 효과를 기대하기 어렵습니다. 요즘 아이들은 숫자를 바르게 써서 하나의 식을 완성하는 데 어려움을 겪는 경우가 많습니다. 연산 학습은 하나의 식을 제대로 써보는 것이 그 시작입니다. 말로 설명하고 손으로 기록하면 개념을 완벽하게 이해할 수 있습니다.

## ❺ '빠르게'가 아니라 '정확하게'!

초등에서의 연산력은 중학교 이상의 수학을 공부하는 데 기초가 됩니다. 중·고등학교 수학은 복잡한 연산을 요구하지 않습니다. 주어진 문제를 이해하여 식을 쓰고 차근차근 해결해나가는 문제해결능력이 더 중요합니다. 초등학교 때부터 문제를 빨리 푸는 것보다 한 문제라도 정확하게 정리하고 풀이 과정이 잘 드러나도록 식을 써서 해결하는 습관이 중·고등학교에 가서 수학을 잘하는 비결입니다. 우리 책에서는 충분히 생각하면서 문제를 풀도록 시간에 제한을 두지 않았습니다. 속도는 목표가 될 수 없습니다. 이해가 되면 속도는 자연히 따라붙습니다.

## ❻ 학생의 인지 발달에 맞는 문제 분량

연산은 아이가 처음 접하는 수학입니다. 수학은 반복적으로 훈련하는 것이 아니라 생각의 힘을 키우는 학문입니다. 과도하게 많은 문제를 풀면 수학에 대한 잘못된 선입관을 갖게 되어 수학 과목 자체가 싫어질 수 있습니다. 우리 책에서는 아이들의 발달 단계에 따라 개념이 완전히 내 것이 될 수 있도록 학년별로 적절한 수의 문제를 배치해 '최소한'으로 '최대한'의 효과를 낼 수 있도록 했습니다.

## ❼ 문제 중간 튀어나오는 돌발 문제

한 단원 내에서 똑같은 유형의 문제가 반복적으로 나오면 생각하지 않고 기계적으로 문제를 풀게 됩니다. 연산을 어느 정도 익히면 자동화되는 경향이 있기 때문입니다. 이런 경우 실수가 생기고, 답이 맞을 수는 있지만 완전히 아는 것이 아닐 수 있습니다. 우리 책에는 중간중간 출몰하는 엉뚱한 돌발 문제로 생각의 끈을 놓을 수 없는 장치를 마련해두었습니다. 어떤 문제를 맞닥뜨려도 해결해나가는 힘을 기를 수 있습니다.

## ❽ 일상의 수학을 강조하다 –문장제

뇌과학적으로 우리의 기억은 일상에 활용할만한 가치가 있는 것을 저장하고, 자기연관성이 있으면 감정을 이입하여 그 기억을 오래 저장한다고 합니다. 우리 책은 일상에서 벌어지는 다양한 상황을 문제로 제시합니다. 창의력과 문제해결능력을 향상시켜 계산이 전부가 아니라 수학적으로 생각하는 힘을 키워줍니다.

**3권**

초등
2학년

**차례**

> **교과서에서는?**
>
> 1단원 세 자리 수
>
> 100씩, 10씩, 1씩 몇 묶음인지 세어 보면서 세 자리 수로 나타낼 수 있으며, 각 자리의 수를 이용해서 두 수의 크기를 비교하는 방법을 배워요. 자릿값의 원리는 앞으로 큰 수를 이해하는 데 큰 도움이 되지요.

> **교과서에서는?**
>
> 3단원 덧셈과 뺄셈
>
> 덧셈은 일의 자리에서 받아올림이 있는 (두 자리 수)+(한 자리 수), 일의 자리와 십의 자리에서 받아올림이 있는 (두 자리 수)+(두 자리 수)를 배워요. 뺄셈은 받아내림이 있는 (두 자리 수)-(한 자리 수), (두 자리 수)-(두 자리 수)를 학습하지요. 받아올림이 있는 덧셈과 받아내림이 있는 뺄셈에 대한 세로셈이 익숙해지면 두 자리 수를 (몇십)과 (몇) 또는 (몇십몇)과 (몇)으로 나누어 여러 가지 방법으로 덧셈과 뺄셈을 계산해 보세요. 기계적인 방법으로 계산하기보다 수를 어떻게 가르고 모아야 더 쉽고 빠르게 계산할 수 있는지를 생각해 보면 계산력이 향상되고 수 감각도 키울 수 있을 거예요.

3권에서는 무엇을 배우나요

1학년에 배운 두 자리 수에 대한 이해를 바탕으로 세 자리 수를 공부합니다. 그리고 자릿값을 이용하여 세 자리 수를 이해하고, 세 자리 수끼리의 크기를 비교하는 활동을 합니다. 연산에서는 곱셈을 처음 다루는데, '몇씩 몇 묶음'을 '몇의 몇 배'로 나타내어 배의 개념을 이해하고, 이것을 곱셈 기호 '×'를 사용하여 곱셈식으로 나타내는 활동을 합니다. 곱셈을 처음 배우므로 그 개념과 방법을 정확하게 이해할 수 있어야 합니다. 덧셈과 뺄셈은 두 자리 수끼리 다루되 받아올림과 받아내림이 있는 것을 본격적으로 배웁니다. 그리고 모르는 어떤 수를 □를 사용하여 덧셈식, 뺄셈식으로 나타내고 □의 값을 구해보면서 덧셈과 뺄셈의 관계를 이해하게 됩니다. 세 수를 계산할 때는 앞에서부터 순서대로 계산하는 것이 원칙이지만 계산 순서를 바꾸어 보다 쉽게 계산할 수도 있습니다.

### 교과서에서는?

#### 6단원 곱셈

다양한 묶어 세기를 통해 물건의 수를 세는 방법을 익히고, '몇씩 몇 묶음'을 '몇의 몇 배'로 나타내어 배의 개념을 공부해요. '몇의 몇 배'를 같은 수를 여러 번 더하여 덧셈식으로 나타내고, '×'라는 곱셈 기호를 사용해서 곱셈식으로 나타내는 활동을 해요. 처음으로 곱셈이라는 새로운 계산 방법을 배우는 것이므로 곱셈의 개념과 방법을 차근차근 공부해 보세요.

# 연산의 발견 사용 설명서

나?
내 이름은
똑개!

똑똑한 개념연결,
똑개야!

## 각 단계의 제목

새 교육과정의
교과서 진도와 맞추었어요.
학교에서 배운 것을 바로 복습하며
문제를 풀어봐요. 하루에 두 쪽씩
진도에 맞춰 문제를 풀다 보면
나도 연산왕!

## 개념연결

구체적인 문제와 문제의 연결로 이루어져 있어요.
실수가 잦거나 헷갈리는 문제가 있다면
전 단계의 개념을 완전히 이해 못한 것이에요.
자기주도적으로 복습 혹은 예습을 할 수 있게 도와줍니다.

## 배운 것을 기억해 볼까요?

이전에 학습한 내용을 알고 있는지
확인해보는 선수 학습이에요.
개념연결과 짝을 이뤄 학습 결손이
생기지 않도록 만든 장치랍니다.
배웠다고 넘어가지 말고 어떻게 현 단계와
연결되는지 생각하면서 문제를 풀어보세요.

## 30초 개념

교과서에 나와 있는 개념 설명을 핵심만 추려
정리했어요. 해당 내용의 주제나 정리를
제목으로 크게 넣었어요. 제목만 큰 소리로 읽어봐도
개념을 이해하는 데 도움이 될 거예요.
그 아래에는 자세한 개념 설명과 풀이 방법을 넣었어요.

---

### 십의 자리에서 받아내림이 있는

**6단계** (세 자리 수)-(세 자리 수)

**개념연결**

| 2-1덧셈과 뺄셈 | 3-1덧셈과 뺄셈 | 받아내림이 한 번 있는 뺄셈 | 3-1덧셈과 뺄셈 |
|---|---|---|---|
| (몇십몇)-(몇십몇) | 받아내림이 없는 뺄셈 | | 받아내림이 두 번 있는 뺄셈 |

**배운 것을 기억해 볼까요?**

1  45-16=□

□+16=45

2   4 7 5
  - 1 4 3

3    5 2
   - 1 9

**십의 자리에서 받아내림이 있는 세 자리 수의 뺄셈을 할 수 있어요.**

**30초 개념**  빼는 수의 일의 자리가 클 때는 십의 자리에서 10을 받아내림하여 계산해요.

**352 - 137의 계산 방법**

① 일의 자리 계산   ② 십의 자리 계산   ③ 백의 자리 계산

**이런 방법도 있어요!**

받아내림이 있는 뺄셈도 백의 자리부터 계산할 수 있어요.

수학은 주어진 문제를 이해하고 차근히 해결해나가는 것이 중요해요. 그래서 시간제한이 없는 대신 본인의 성취를 별☆로 표시하도록 했어요.
80% 이상 문제를 맞혔을 경우 다음 페이지로(별 4~5개), 그 이하인 경우 개념 설명을 다시 읽어보도록 해요.
완전히 이해가 되면 속도는 자연히 따라붙어요.

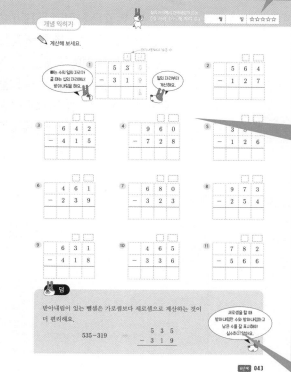

## 개념 익히기

30초 개념에서 다루었던 개념이 그대로 적용된 필수 문제예요.
똑개의 친절한 설명을 따라 문제를 풀다 보면 연산의 기본자세를 잡을 수 있어요.

## 덤

선생님들의 꿀팁이에요.
교육 현장에서 학생들이 자주 실수하거나 헷갈리는 문제에 대해 짤막하게 설명해줘요.

## 이런 방법도 있어요!

문제를 푸는 방법이 하나만 있는 건 아니에요.
수학은 공식으로만 푸는 것이 아닌, 생각하는 학문이랍니다. 선생님들이 좀 더 쉽게 개념을 이해할 수 있는 방법이나 다르게 생각할 수 있는 방법들을 제시했어요.

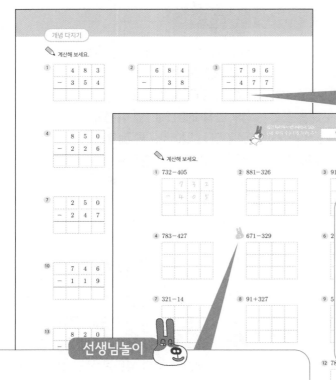

개념 다지기

계산해 보세요.

| 1 | | 4 | 8 | 3 |
| --- | --- | --- | --- | --- |
| | − | 3 | 5 | 4 |

| 2 | | 6 | 8 | 4 |
| --- | --- | --- | --- | --- |
| | − | | 3 | 8 |

| 3 | | 7 | 9 | 6 |
| --- | --- | --- | --- | --- |
| | − | 4 | 7 | 7 |

| 4 | | 8 | 5 | 0 |
| --- | --- | --- | --- | --- |
| | − | 2 | 2 | 6 |

| 7 | | 2 | 5 | 0 |
| --- | --- | --- | --- | --- |
| | − | 2 | 4 | 7 |

| 10 | | 7 | 4 | 6 |
| --- | --- | --- | --- | --- |
| | − | 1 | 1 | 9 |

| 13 | | 8 | 2 | 0 |
| --- | --- | --- | --- | --- |

계산해 보세요.

1 732−405

2 881−326

3 912−60

4 783−427

671−329

6 2

7 321−14

8 91+327

9 5

12 78

15 864−258

## 개념 다지기

개념 익히기보다 약간 난이도가 높은 실전 문제들이에요. 특히 개념을 완벽하게 이해하도록 도와주는, 손으로 직접 쓰는 필산 문제가 들어 있어요. 필산을 하면 계산 경로가 기록되기 때문에 실수가 줄고 논리적 사고력이 길러져요.

## 돌발 문제

똑같은 유형의 문제가 반복되면 생각하지 않고 문제를 풀게 되지요. 하지만 문제 중간에 엉뚱한 돌발 문제가 출몰한다면 생각의 끈을 놓을 수 없을 거예요. 덤으로, 어떤 문제를 맞닥뜨려도 풀어낼 수 있는 힘을 얻게 된답니다.

## 선생님놀이

답이 맞았다고 해도 풀이 과정을 말로 설명하지 못하면 개념을 이해하지 못한 거예요. 부모님이나 친구에게 설명을 해보세요. 그리고 답지에 나와 있는 모범 해설과 대조해보면 내가 이 문제를 얼마만큼 이해했는지 알 수 있을 거예요.

## 개념 키우기

일상에서 벌어지는 다양한 상황이 서술형 문제로 나옵니다. 새 교육과정에서 문장제의 비중이 높아지고 있습니다. 문장제는 생활 속에서 일어나는 상황을 수학적으로 이해하고 식으로 써서 답을 내는 과정이 중요한 문제로, 수학적으로 생각하는 힘을 키워줘요.

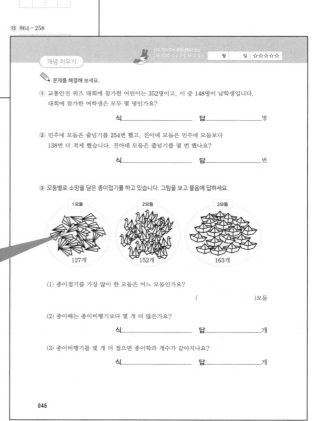

개념 키우기

문제를 해결해 보세요.

1 교통안전 퀴즈 대회에 참가한 어린이는 352명이고, 이 중 148명이 남학생입니다. 대회에 참가한 여학생은 모두 몇 명인가요?

식_____ 답_____명

2 민주네 모둠은 줄넘기를 254번 했고, 진아네 모둠은 민주네 모둠보다 138번 더 적게 했습니다. 진아네 모둠은 줄넘기를 몇 번 했나요?

식_____ 답_____번

3 모둠별로 소망을 담은 종이접기를 하고 있습니다. 그림을 보고 물음에 답하세요.

1모둠 127개
2모둠 152개
3모둠 163개

(1) 종이접기를 가장 많이 한 모둠은 어느 모둠인가요?

( )모둠

(2) 종이배는 종이비행기보다 몇 개 더 많은가요?

식_____ 답_____개

(3) 종이비행기를 몇 개 더 접으면 종이학과 개수가 같아지나요?

식_____ 답_____개

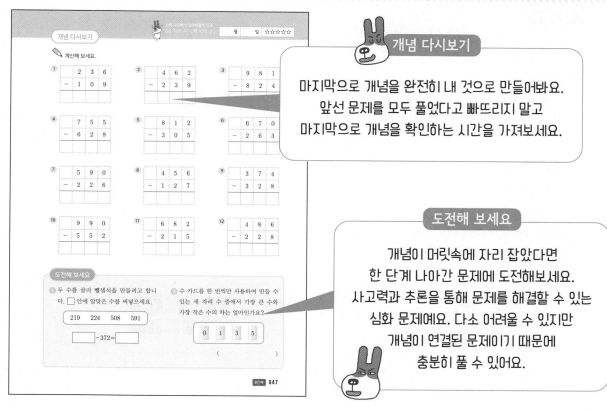

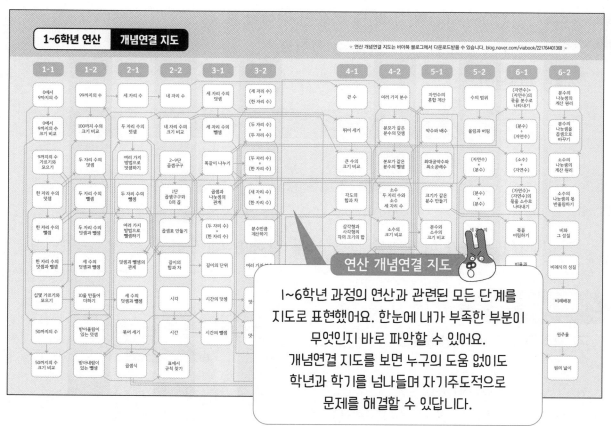

**개념연결**

| 1-1 50까지의 수 | 1-2 100까지의 수 | 세 자리 수 | 2-2 네 자리 수 |
|---|---|---|---|
| 50까지의 수 세기 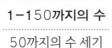 ⇒ 22 | 100까지의 수 세기 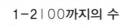 ⇒ 63 |  ⇒ 125 | 네 자리 수 3245=3000+200 +40+5 |

**배운 것을 기억해 볼까요?**

1

| 10 | 30 | (40) | 90 |
|---|---|---|---|
| 사십 | 오십 | 팔십 | 구십 |
| 스물 | 마흔 | 일흔 | 여든 |

2

| 40 | 50 | (60) | 70 |
|---|---|---|---|
| 이십 | 육십 | 칠십 | 구십 |
| 서른 | 쉰 | 예순 | 여든 |

## 세 자리 수를 알 수 있어요.

**30초 개념**

100씩, 10씩, 1씩 몇 묶음인지 세어 보고,
세 자리 수를 쓰고 읽을 수 있어요.

### 435 알아보기

| 수 | 백 모형 | 십 모형 | 일 모형 |
|---|---|---|---|
| 435 사백삼십오 | 100이 4개 ⇒ 400 | 10이 3개 ⇒ 30 | 1이 5개 ⇒ 5 |

각 자리의 숫자가 나타내는 값을 모두 더하면 세 자리 수를 알 수 있어요.

**이런 방법도 있어요!**

**각 자리의 숫자가 나타내는 값**

$$435는 \begin{cases} 100이\ 4 \\ 10이\ 3 \\ 1이\ 5 \end{cases} ⇒ 400+30+5$$

| 백의 자리 | 십의 자리 | 일의 자리 |
|---|---|---|
| 4 | 3 | 5 |

⬇

| 4 | 0 | 0 |
|---|---|---|
|  | 3 | 0 |
|  |  | 5 |

## 개념 익히기

 □안에 알맞은 수나 말을 써넣으세요.

① 100이 2, 10이 4, 1이 6

➡ 쓰기 | 2 4 6 | 읽기 | 이백사십육

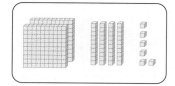

② 100이 5, 10이 0, 1이 9

➡ 쓰기 | | 읽기 | |

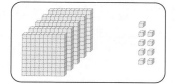

③ 100이 1, 10이 7, 1이 0

➡ 쓰기 | | 읽기 | |

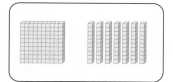

④ 394는 ┌ 100이 □
         ├ 10이 □  ➡ 394 = □ + □ + □
         └ 1이 □

⑤ 472는 ┌ 100이 □
         ├ 10이 □  ➡ 472 = □ + □ + □
         └ 1이 □

빈칸에 알맞은 수나 말을 써넣으세요.

1

| | 쓰기 | 읽기 |
|---|---|---|
| | 83 | 팔십삼 |

2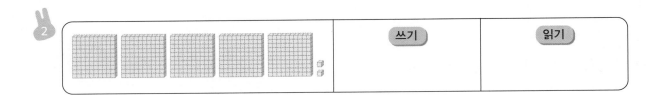

| | 쓰기 | 읽기 |
|---|---|---|

3

| | 쓰기 | 읽기 |
|---|---|---|

4

| | 쓰기 | 읽기 |
|---|---|---|

5  760은  ┌ 100이 [   ]
        ├ 10이 [   ]    ➡  760 = [       ] + [     ] + [   ]
        └ 1이 [   ]

6  300은  ┌ 100이 [   ]
        ├ 10이 [   ]    ➡  300 = [       ] + [     ] + [   ]
        └ 1이 [   ]

빈칸에 알맞은 수나 말을 써넣으세요.

1 | | 쓰기 | 읽기 |

2 | | 쓰기 | 읽기 |

3 | | 쓰기 | 읽기 |

4 | | 쓰기 | 읽기 |

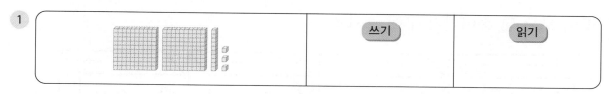

5 309는  ⎧ 100이 ▢  ➡ 309 = ▢ + ▢ + ▢
　　　　⎨ 10이 ▢
　　　　⎩ 1이 ▢

6 58은  ⎧ 100이 ▢  ➡ 58 = ▢ + ▢ + ▢
　　　　⎨ 10이 ▢
　　　　⎩ 1이 ▢

개념 키우기

 문제를 해결해 보세요.

1 꽃이 모두 몇 송이인지 구해 보세요.

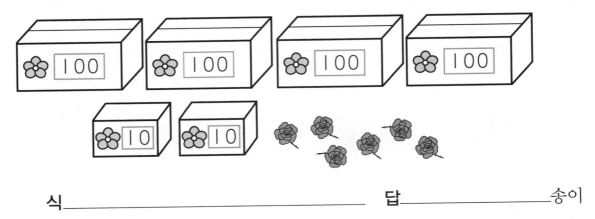

식_____ 답_____송이

2 세 사람이 각자 돼지 저금통을 뜯어 얼마를 모았는지 알아보았습니다.
물음에 답하세요.

(1) 기준이는 얼마를 모았나요?

식_____ 답_____원

(2) 한수는 얼마를 모았나요?

식_____ 답_____원

(3) 서윤이는 얼마를 모았나요?

식_____ 답_____원

개념 다시보기

 □ 안에 알맞은 수나 말을 써넣으세요.

**1**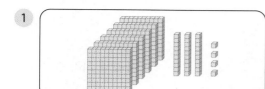

100이 □　10이 □　1이 □

쓰기 □　　읽기 □

**2**

100이 □　10이 □　1이 □

쓰기 □　　읽기 □

**3**

100이 □　10이 □　1이 □

쓰기 □　　읽기 □

**4** 527은 ┌ 100이 □ ┐
　　　├ 10이 □ ┤ ➡ 527 = □ + □ + □
　　　└ 1이 □ ┘

도전해 보세요

❶ □ 안에 들어갈 수 있는 수를 모두 찾아 ○표 하세요.

7□4 > 777

0　3　4　6　8　9

❷ 빈 곳에 알맞은 수나 기호를 써넣으세요.

(1) 327 ─ □ ─ 331

(2) 629 ◯ 631

**개념연결**

| 1-150까지의 수 | 1-299까지의 수 | | 2-2네 자리 수 |
|---|---|---|---|
| 수의 순서와 크기 비교 | 수의 순서와 크기 비교 | 세 자리 수의 순서와 크기 비교 | 네 자리 수의 순서와 크기 비교 |
| 47-48-[49] | 91 (>) 89 | 253-[254]-255 | 3257 (>) 3248 |

**배운 것을 기억해 볼까요?**

1  23-〔 〕-27

2  90  88  89
〔 〕<〔 〕<〔 〕

3 | 50 | | 40 | 35 | |

## 세 자리 수의 순서와 크기를 비교할 수 있어요.

**30초 개념**  세 자리 수를 순서대로 놓으면 251, 252, 253, …과 같이 1씩 커져요.

101—102—103—104—105—106—107—108—109—110

두 수의 크기를 비교할 때는 백의 자리 수부터 비교해요.
백의 자리 수가 같으면 십의 자리 수를 비교하고, 십의 자리 수도 같으면,
일의 자리 수를 비교해요.

314 < 321

**이런 방법도 있어요!**

**세 수의 크기를 비교하는 말**

(352, 361, 347)의 크기 비교
➡ 셋 중 361이 가장 큽니다.
➡ 셋 중 347이 가장 작습니다.

빈 곳에 알맞은 수 또는 기호를 써넣으세요.

**2씩 뛰어 세기**

1. | 120 | 122 | 124 |

2. | 258 | | 262 |

**5씩 뛰어 세기**

3. | 333 | 338 | 343 |

4. | 478 | | 488 |

**10씩 뛰어 세기**

5. | 651 | | 671 |

6. | | 769 | 779 |

**100씩 뛰어 세기**

7. | | 725 | 825 |

8. | 700 | | 900 |

9.

| | 백의 자리 | 십의 자리 | 일의 자리 |
|---|---|---|---|
| 547 ➡ | 5 | 4 | 7 |
| 556 ➡ | | | |

➡ 547 ◯ 556

10.

| | 백의 자리 | 십의 자리 | 일의 자리 |
|---|---|---|---|
| 783 ➡ | | | |
| 812 ➡ | | | |

➡ 783 ◯ 812

11.

| | 백의 자리 | 십의 자리 | 일의 자리 |
|---|---|---|---|
| 915 ➡ | | | |
| 913 ➡ | | | |

➡ 915 ◯ 913

빈 곳에 알맞은 수 또는 기호를 써넣으세요.

1) | 136 | *139* | 142 |

2) | | 214 | 224 |

3) | 572 | | 562 |

4) | 838 | 831 | |

5) | 234 | 238 | |

6) | | 369 | 349 |

7) | 268 | | 272 | | 276 | | |

8) | | 467 | | 461 | | | 452 |

9) 288 ◯ 281

10) 354 ◯ 511

11) 626 ◯ 619

12) 754 ◯ 756

13) 981 ◯ 990

14) 199 ◯ 911

가장 작은 수부터 순서대로 써 보세요.

**1**
| 150 | 146 | 180 |

(　　　　,　　　　,　　　　)

**2**
| 217 | 221 | 189 |

(　　　　,　　　　,　　　　)

**3**
| 598 | 100 | 347 |

(　　　　,　　　　,　　　　)

**4**
| 888 | 777 | 666 |

(　　　　,　　　　,　　　　)

**5**
| 919 | 119 | 411 |

(　　　　,　　　　,　　　　)

**6**
| 263 | 257 | 261 |

(　　　　,　　　　,　　　　)

**7**
| 289 | 278 | 283 | 271 |

(　　　,　　　,　　　,　　　)

**8**
| 453 | 463 | 444 | 448 |

(　　　,　　　,　　　,　　　)

**9**
| 567 | 765 | 648 | 676 |

(　　　,　　　,　　　,　　　)

**10**
| 953 | 939 | 893 | 895 |

(　　　,　　　,　　　,　　　)

**11**
| 701 | 703 | 798 | 801 |

(　　　,　　　,　　　,　　　)

**12**
| 673 | 763 | 367 | 376 |

(　　　,　　　,　　　,　　　)

개념 키우기

✎ 문제를 해결해 보세요.

1. 줄넘기를 은서네 모둠은 288번, 서희네 모둠은 302번 했습니다.
   어느 모둠이 줄넘기를 더 많이 했나요?

   (                    )모둠

2. 우리나라에서는 50층보다 높은 건물을 초고층 건물이라고 합니다.
   전 세계적으로 초고층 건물이 많이 있습니다.
   상하이에 있는 상하이 타워는 128층(632 m),
   두바이에 있는 부르즈 칼리파는 163층(828 m)입니다.
   물음에 답하세요.

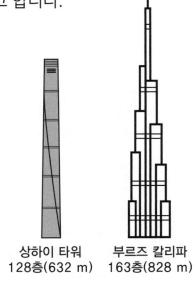

상하이 타워
128층(632 m)　　부르즈 칼리파
163층(828 m)

(1) 두 건물의 높이를 비교하여 ◯ 안에 >, =, <를 알맞게 써 보세요.

632 m ◯ 828 m

(2) 상하이 타워(128층)는 부르즈 칼리파(163층)보다 (높다, 낮다).

**개념 다시보기**

✏️ ☐ 안에 알맞은 수를 써넣으세요.

① 210-230-☐-☐ ➡ ☐ 씩 뛰어 세기

② ☐-715-☐-815-865 ➡ ☐ 씩 뛰어 세기

✏️ 두 수의 크기를 비교하여 빈 곳에 알맞은 기호나 말을 써 보세요.

③ 318 ◯ 246            ④ 642 ◯ 629

⑤ 461 ◯ 287 ➡ 461은 287보다 _____.

⑥ 512 ◯ 387 ➡ 387은 512보다 _____.

**도전해 보세요**

① 수 카드 3, 0, 5, 7 중에서 3장을 사용하여 세 자리 수를 만들려고 합니다. 만들 수 있는 가장 큰 수와 가장 작은 수를 각각 구해 보세요.

　가장 큰 수(　　　　　　　　)

　가장 작은 수(　　　　　　　　)

② 어떤 수에 대한 설명입니다. 어떤 수를 구해 보세요.

- 742보다 크고 769보다 작습니다.
- 백의 자리 숫자와 일의 자리 숫자가 같습니다.
- 십의 자리 숫자와 일의 자리 숫자의 합은 13입니다.

(　　　　　　　　)

**개념연결**

| 1-2덧셈과 뺄셈(1) | 1-2덧셈과 뺄셈(2) | 받아올림이 한 번 있는 덧셈 | 2-1덧셈과 뺄셈 |
|---|---|---|---|
| 세 수의 덧셈 | (몇)+(몇)=(십몇) | | 받아올림이 한 번 있는 덧셈 |
| $2+5+3=\boxed{10}$ | $5+7=\boxed{12}$ | $27+4=\boxed{31}$ | $16+19=\boxed{35}$ |

**배운 것을 기억해 볼까요?**

1  $3+7+6=$  　　　2  $9+4=$  　　　3  $16+3=$

## 일의 자리에서 받아올림이 있는 덧셈을 할 수 있어요.

**30초 개념**

일의 자리 수끼리의 합이 10이거나 10보다 크면 십의 자리로 '1'을 받아올림하고 받아올림한 수 '1'은 십의 자리 수와 더해요.

### 27+4의 계산

① 일의 자리 계산　　　② 십의 자리 계산

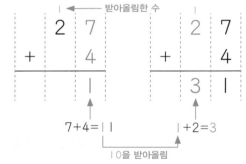

받아올림한 수

$$
\begin{array}{r}
\scriptstyle 1\phantom{7} \\
2\ 7 \\
+\ \ 4 \\
\hline
1
\end{array}
\qquad
\begin{array}{r}
\scriptstyle 1\phantom{7} \\
2\ 7 \\
+\ \ 4 \\
\hline
3\ 1
\end{array}
$$

$7+4=11$ 　　　 $1+2=3$

10을 받아올림

**이런 방법도 있어요!**

수 모형으로 덧셈을 할 수 있어요.

15　　　6　　　15+6　　　21

십 모형 1개와 같아요.

계산해 보세요.

1

| | | 1 | |
|---|---|---|---|
| | | 1 | 5 |
| + | | | 6 |
| | | 2 | 1 |

일의 자리에서 받아올림한 수를 십의 자리 위에 작게 쓰고 계산해요.

일의 자리 수끼리 먼저 더해요.

2

| | | |
|---|---|---|
| | 2 | 3 |
| + | | 8 |
| | | |

3

| | | |
|---|---|---|
| | 3 | 4 |
| + | | 6 |
| | | |

4

| | | |
|---|---|---|
| | 5 | 9 |
| + | | 4 |
| | | |

5

| | | |
|---|---|---|
| | 7 | 5 |
| + | | 8 |
| | | |

6

| | | |
|---|---|---|
| | 5 | 8 |
| + | | 3 |
| | | |

7

| | | |
|---|---|---|
| | 2 | 7 |
| + | | 7 |
| | | |

8

| | | |
|---|---|---|
| | 3 | 9 |
| + | | 6 |
| | | |

9

| | | |
|---|---|---|
| | 8 | 7 |
| + | | 5 |
| | | |

10

| | | |
|---|---|---|
| | 4 | 2 |
| + | | 9 |
| | | |

11

| | | |
|---|---|---|
| | 6 | 2 |
| + | | 8 |
| | | |

개념 다지기

계산해 보세요.

**1**
```
    5  7
+      6
```

**2**
```
    3  4
+      9
```

**3**
```
    4  6
+      4
```

**4**
```
       6
+   3  2
```

**5**
```
    6  8
+      5
```

**6**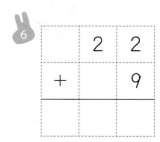
```
    2  2
+      9
```

**7**
```
    4  4
+      7
```

**8**
```
    8  8
+      9
```

**9**
```
    9  3
+      6
```

**10**
```
    6  9
+      2
```

**11**
```
    1  6
+      8
```

**12**
```
    2  7
+      5
```

**13**
```
    3  5
+      9
```

**14**
```
    5  8
+      5
```

**15**
```
    6  3
+      8
```

계산해 보세요.

① 26+5

```
    2 6
  +   5
    3 1
```

② 42+9

③ 38+3

④ 57+6

⑤ 68+7

⑥ 45+6

⑦ 36+4

⑧ 19+7

⑨ 39+4

⑩ 27+5

⑪ 75+8

⑫ 86+8

개념 키우기

✏️ 문제를 해결해 보세요.

1 민지와 나래가 계산기를 이용해서 덧셈을 하려고 합니다.
계산기에 나타난 덧셈식을 보고 그 값이 얼마인지 구해 보세요.

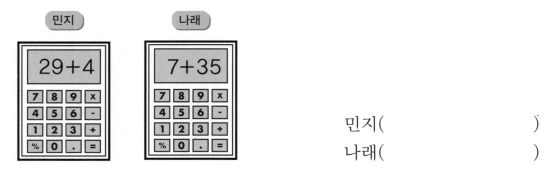

민지(                    )

나래(                    )

2 그림은 형돈이와 재민이가 각각 화살 2개씩 던져 맞힌 두 수의 합입니다.
그림을 보고 물음에 답하세요.

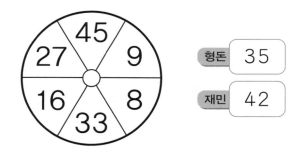

(1) 형돈이가 맞힌 두 수를 구해 보세요.

[      ] + [      ] = 35

(2) 재민이가 맞힌 두 수를 구해 보세요.

[      ] + [      ] = 42

## 개념 다시보기

계산해 보세요.

① 
```
    6 4
  +   7
```

② 
```
    1 9
  +   5
```

③ 
```
    3 5
  +   8
```

④ 
```
    7 5
  +   7
```

⑤ 
```
    3 8
  +   8
```

⑥ 
```
    2 9
  +   4
```

⑦ 
```
    2 6
  +   9
```

⑧ 
```
    4 7
  +   6
```

⑨ 
```
    8 6
  +   5
```

### 도전해 보세요

① 민수가 공책에 적은 덧셈식이 자동차 스티커에 가려져 보이지 않습니다. 가려진 수는 얼마인가요?

```
    5 
  +   7
  ─────
    6 4
```

(          )

② 계산해 보세요.

```
    2 5
  + 1 8
  ─────
```

## 4단계 (두 자리 수)+(두 자리 수)

▶ 개념연결

| 1-2덧셈과 뺄셈(3) | 2-1덧셈과 뺄셈 | | 2-1덧셈과 뺄셈 |
|---|---|---|---|
| 받아올림이 없는 덧셈 | 받아올림이 한 번 있는 덧셈 | 받아올림이 한 번 있는 덧셈 1 | 받아올림이 한 번 있는 덧셈 2 |
| $16+21=\boxed{37}$ | $27+4=\boxed{31}$ | $35+39=\boxed{74}$ | $75+42=\boxed{117}$ |

▶ 배운 것을 기억해 볼까요?

1  $21+35=$         2  $37+5=$         3  $71+9=$

### 일의 자리에서 받아올림이 있는 두 자리 수의 덧셈을 할 수 있어요.

**30초 개념** ▶ 일의 자리 수끼리의 합이 10이거나 10보다 크면 십의 자리로 '1'을 받아올림하고 받아올림한 수 '1'은 십의 자리 수와 더해요.

### $35+39$의 계산

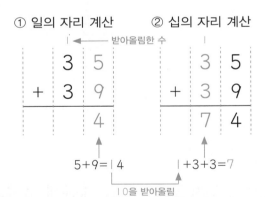

① 일의 자리 계산    ② 십의 자리 계산

받아올림한 수

$5+9=14$        $1+3+3=7$

10을 받아올림

▶ 이런 방법도 있어요!

수 모형으로 덧셈을 할 수 있어요.

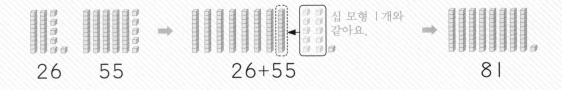

26    55    →    26+55    십 모형 1개와 같아요.    →    81

✏️ 계산해 보세요.

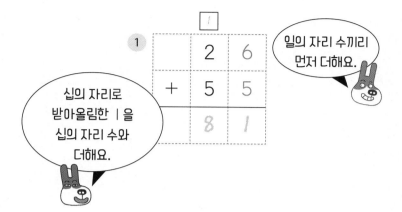

1.
```
    │ │
    2 6
+   5 5
─────────
    8 1
```

**일의 자리 수끼리 먼저 더해요.**

**십의 자리로 받아올림한 1을 십의 자리 수와 더해요.**

2.
```
    □
    4 7
+   3 7
─────────
```

3.
```
    □
    6 3
+   1 9
─────────
```

4.
```
    □
    1 8
+   4 6
─────────
```

5.
```
    □
    4 5
+   2 9
─────────
```

6.
```
    □
    5 6
+   3 6
─────────
```

7.
```
    □
    2 4
+   2 8
─────────
```

8.
```
    □
    1 4
+   7 6
─────────
```

9.
```
    □
    6 8
+   2 3
─────────
```

10.
```
    □
    2 7
+   2 5
─────────
```

11.
```
    □
    3 9
+   3 2
─────────
```

계산해 보세요.

**1**

```
    1   7
+   3   9
```

**2**

```
    6   9
+   1   4
```

**3**

```
    3   3
+   3   8
```

**4**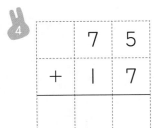

```
    7   5
+   1   7
```

**5**

```
    5   4
+   3   8
```

**6**

```
    8   2
+       9
```

**7**

```
    3   2
+   3   6
```

**8**

```
    3   4
+   5   8
```

**9**

```
    7   4
+   1   7
```

**10**

```
    2   5
+   6   8
```

**11**

```
    4   5
+   3   5
```

**12**

```
    3   6
+   2   5
```

**13**

```
    6   4
+   1   9
```

**14**

```
    2   6
+   4   6
```

**15**

```
    2   9
+       7
```

계산해 보세요.

① 17+26

|   | 1 | 7 |
|---|---|---|
| + | 2 | 6 |
|   | 4 | 3 |

② 35+39

③ 25+46

④ 54+29

⑤ 68+18

⑥ 39+27

⑦ 45+37

⑧ 36+58

⑨ 67+25

⑩ 38+23

⑪ 73+19

⑫ 47+34

**개념 키우기**

 문제를 해결해 보세요.

① 지만이는 딱지를 29개 가지고 있습니다.
딱지를 13개 더 접으면 지만이가 가진 딱지는 모두 몇 개가 되나요?

식_____ 답_____개

② 현지와 슬기가 어제와 오늘 줄넘기를 했습니다. 물음에 답하세요.

|  | 어제 | 오늘 |
|---|---|---|
| 현지 | 52 | 39 |
| 슬기 | 67 | 25 |

(1) 현지가 어제와 오늘 넘은 줄넘기 횟수는 모두 몇 번인가요?

식_____ 답_____번

(2) 슬기가 어제와 오늘 넘은 줄넘기 횟수는 모두 몇 번인가요?

식_____ 답_____번

## 개념 다시보기

 계산해 보세요.

1.
```
    6  4
+   1  8
─────────
```

2.
```
    4  3
+   2  9
─────────
```

3.
```
    5  7
+   3  6
─────────
```

4.
```
    3  6
+   2  5
─────────
```

5.
```
    7  8
+   1  6
─────────
```

6.
```
    1  9
+   2  4
─────────
```

7.
```
    2  6
+   6  8
─────────
```

8.
```
    3  7
+   1  9
─────────
```

9.
```
    6  5
+   2  7
─────────
```

### 도전해 보세요

1 수 카드 중에서 3장을 골라 덧셈식을 만들어 보세요.

| 71 | 34 | 25 | 37 |

□ + □ = □

2 □ 안에 들어갈 수 있는 수 중에서 가장 작은 수를 구해 보세요.

□ + 16 > 44

(                    )

# 5단계 (두 자리 수)+(두 자리 수)

개념연결

| 1-2덧셈과 뺄셈(3) | 2-1덧셈과 뺄셈 | | 2-1덧셈과 뺄셈 |
|---|---|---|---|
| 받아올림이 없는 덧셈 | 받아올림이 한 번 있는 덧셈 1 | 받아올림이 한 번 있는 덧셈 2 | 받아올림이 두 번 있는 덧셈 |
| 16+21=37 | 35+39=74 | 75+42=117 | 57+69=126 |

배운 것을 기억해 볼까요?

① 27+52=

② 49+46=

③ 33+28=

## 십의 자리에서 받아올림이 있는 두 자리 수의 덧셈을 할 수 있어요.

**30초 개념** 십의 자리 수끼리의 합이 10이거나 10보다 크면 백의 자리로 '1'을 받아올림해요.

### 75+42의 계산

① 일의 자리 계산

$$
\begin{array}{r}
7\ 5 \\
+\ 4\ 2 \\
\hline
7
\end{array}
$$

5+2=7
받아올림이 없음

② 십의 자리 계산

← 받아올림한 수

$$
\begin{array}{r}
1\phantom{\ 7} \\
7\ 5 \\
+\ 4\ 2 \\
\hline
1\ 1\ 7
\end{array}
$$

7+4=11
받아올림

이런 방법도 있어요!

수 모형으로 덧셈을 할 수 있어요.

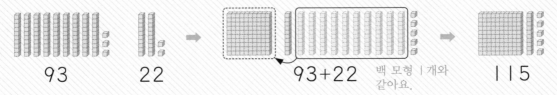

93    22    →    93+22    백 모형 1개와 같아요.    →    115

## 개념 익히기

 계산해 보세요.

십의 자리 수끼리 더하여 10보다 크면 백의 자리로 '1'을 받아올림해요.

1.
```
    9 3
+   5 2
─────────
  1 4 5
```

일의 자리 수끼리 먼저 더해요.

2.
```
    7 2
+   4 5
─────────
```

3.
```
    5 1
+   5 2
─────────
```

4.
```
    6 7
+   6 2
─────────
```

5.
```
    4 2
+   8 3
─────────
```

6.
```
    8 1
+   5 7
─────────
```

7.
```
    5 0
+   6 8
─────────
```

8.
```
    6 3
+   7 3
─────────
```

9.
```
    9 5
+   3 4
─────────
```

10.
```
    7 4
+   5 2
─────────
```

11.
```
    4 6
+   6 1
─────────
```

계산해 보세요.

1
```
    3  6
+   7  1
```

2
```
    6  4
+   8  2
```

3
```
    7  2
+   4  2
```

4
```
    8  2
+   5  3
```

5
```
    6  8
+   9  1
```

6
```
    5  6
+   3  6
```

7
```
    4  5
+   9  4
```

8
```
    7  6
+   5  1
```

9
```
    8  4
+   4  2
```

10
```
    5  3
+   3  8
```

11
```
    9  4
+   1  5
```

12
```
    6  5
+   5  3
```

13
```
    6  2
+   5  6
```

14
```
    8  8
+   4  1
```

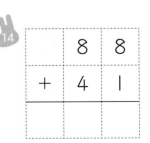

15
```
    2  3
+   9  4
```

계산해 보세요.

① 31+84

```
    3 1
 +  8 4
```

② 52+56

③ 62+75

④ 94+22

⑤ 72+47

⑥ 26+82

⑦ 23+85

⑧ 88+51

⑨ 43+74

⑩ 76+52

⑪ 63+45

⑫ 91+46

개념 키우기

✏️ 문제를 해결해 보세요.

1 수연이가 콩 주머니를 던져서 맞힌
두 수의 합은 159입니다. 수연이가 맞힌
두 수는 어느 것인가요?

(          ),  (          )

2 수연이와 진우는 어제 공부한 내용을 각자 블로그에 올렸습니다.
수연이는 어제 52명, 오늘 67명에게 '좋아요'를 받았고
진우는 어제 55명, 오늘 73명에게 '좋아요'를 받았습니다. 물음에 답하세요.

(1) 수연이가 어제와 오늘 받은 '좋아요'는 모두 몇 개인가요?

식_____ 답_____개

(2) 진우가 어제와 오늘 받은 '좋아요'는 모두 몇 개인가요?

식_____ 답_____개

(3) 수연이와 진우가 어제 받은 '좋아요'는 모두 몇 개인가요?

식_____ 답_____개

개념 다시보기

✏️ 계산해 보세요.

**1**

```
    5  3
+   9  1
────────
```

**2**

```
    4  3
+   7  2
────────
```

**3**

```
    6  7
+   6  2
────────
```

**4**

```
    2  0
+   9  0
────────
```

**5**

```
    7  6
+   9  1
────────
```

**6**

```
    2  7
+   8  1
────────
```

**7**

```
    3  4
+   8  3
────────
```

**8**

```
    6  2
+   7  3
────────
```

**9**

```
    5  3
+   5  5
────────
```

**10**

```
    7  1
+   6  7
────────
```

**11**

```
    5  6
+   8  3
────────
```

**12**

```
    8  2
+   4  5
────────
```

도전해 보세요

**1** 어떤 수에 62를 더해야 할 것을 잘
못하여 뺐더니 74가 되었습니다.
어떤 수를 구해 보세요.

( 　　　　　　　 )

**2** 계산해 보세요.

```
    5  9
+   5  1
────────
```

## 6단계 (두 자리 수)+(두 자리 수)

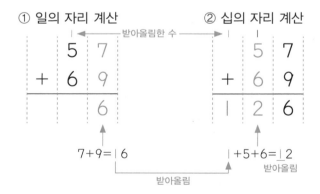

개념연결

| 2-1덧셈과 뺄셈 | 2-1덧셈과 뺄셈 | 받아올림이<br>두 번 있는 덧셈<br>$57+69=\boxed{126}$ | 2-1덧셈과 뺄셈 |
|---|---|---|---|
| 받아올림이<br>한 번 있는 덧셈 1<br>$35+39=\boxed{74}$ | 받아올림이<br>한 번 있는 덧셈 2<br>$75+42=\boxed{117}$ | | 여러 가지 방법으로 덧셈하기<br>$39+14=39+\boxed{10}+4$<br>$=\boxed{49}+4=\boxed{53}$ |

**배운 것을 기억해 볼까요?**

1  $17+39=$

2  $57+91=$

3  $72+85=$

### 받아올림이 두 번 있는 두 자리 수의 덧셈을 할 수 있어요.

**30초 개념**

일의 자리와 십의 자리에서 모두 받아올림이 있는 덧셈은
각 자리 숫자끼리의 합이 10이거나 10보다 크면 바로 윗자리로
받아올림해요.

**57+69의 계산**

① 일의 자리 계산

$$
\begin{array}{r}
5\ 7 \\
+\ 6\ 9 \\
\hline
6
\end{array}
$$

$7+9=16$

받아올림

② 십의 자리 계산

$$
\begin{array}{r}
5\ 7 \\
+\ 6\ 9 \\
\hline
1\ 2\ 6
\end{array}
$$

$1+5+6=12$

받아올림

받아올림한 수

**이런 방법도 있어요!**

수 모형으로 덧셈을 할 수 있어요.

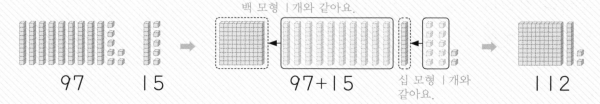

백 모형 1개와 같아요.

97        15        97+15        십 모형 1개와<br>같아요.        112

✏ 계산해 보세요.

각 자리의 두 수를 더해
100이거나 10보다 크면
윗자리로 받아올림을 해요.

일의 자리 수끼리
먼저 더해요.

1.

|   | 1 | 1 |
|---|---|---|
|   | 9 | 7 |
| + | 1 | 5 |
| 1 | 1 | 2 |

2.

|   | □ | □ |
|---|---|---|
|   | 2 | 9 |
| + | 7 | 6 |

3.

|   | □ | □ |
|---|---|---|
|   | 3 | 8 |
| + | 9 | 5 |

4.

|   | □ | □ |
|---|---|---|
|   | 2 | 2 |
| + | 8 | 9 |

5.

|   | □ | □ |
|---|---|---|
|   | 6 | 8 |
| + | 5 | 4 |

6.

|   | □ | □ |
|---|---|---|
|   | 5 | 9 |
| + | 7 | 2 |

7.

|   | □ | □ |
|---|---|---|
|   | 3 | 5 |
| + | 8 | 6 |

8.

|   | □ | □ |
|---|---|---|
|   | 4 | 7 |
| + | 6 | 4 |

9.

|   | □ | □ |
|---|---|---|
|   | 6 | 8 |
| + | 9 | 3 |

10.

|   | □ | □ |
|---|---|---|
|   | 8 | 4 |
| + | 7 | 8 |

11.

|   | □ | □ |
|---|---|---|
|   | 5 | 7 |
| + | 6 | 9 |

계산해 보세요.

1)
```
    4  5
 +  8  9
```

2)
```
    2  7
 +  9  7
```

3)
```
    6  9
 +  5  4
```

4)
```
    2  4
 +  7  6
```

5)
```
    5  8
 +  9  2
```

6)
```
    4  6
 +  9  5
```

7)
```
    3  9
 +  8  3
```

8)
```
    6  3
 +  7  7
```

9)
```
    7  2
 +  4  6
```

10)
```
    9  5
 +  5  8
```

11)
```
    6  3
 +  2  9
```

12)
```
    5  9
 +  5  7
```

13)
```
    8  5
 +  1  4
```

14)
```
    3  6
 +  8  8
```

15)
```
    9  4
 +  6  7
```

✏️ 계산해 보세요.

① 41+59

```
    4 1
+   5 9
    1 0 0
```

② 67+54

③ 38+82

④ 67+89

 58+43

⑥ 74+58

⑦ 35+76

⑧ 45+87

⑨ 69+75

⑩ 94+57

⑪ 63+78

⑫ 46+85

개념 키우기

 문제를 해결해 보세요.

1 딸기 체험 농장에서 민수는 딸기를 85개 따고, 동생은 69개를 땄습니다.
민수와 동생이 딴 딸기는 모두 몇 개인가요?

식_____ 답_____개

2 수빈이네 학교와 연아네 학교의 2학년 학생 수는 다음과 같습니다.
물음에 답하세요.

**2학년 학생 수**

|  | 👦 남학생 | 👧 여학생 |
|---|---|---|
| 수빈 | 76명 | 78명 |
| 연아 | 93명 | 59명 |

(1) 수빈이네 학교 2학년 학생은 모두 몇 명인가요?

식_____ 답_____명

(2) 연아네 학교 2학년 학생은 모두 몇 명인가요?

식_____ 답_____명

(3) 어느 학교 2학년 학생이 더 많나요?

(                    )학교

계산해 보세요.

① 
```
    4 7
+   7 6
-------
```

② 
```
    5 9
+   8 7
-------
```

③ 
```
    9 5
+   4 8
-------
```

④ 
```
    3 6
+   6 9
-------
```

⑤ 
```
    7 8
+   5 2
-------
```

⑥ 
```
    8 4
+   6 7
-------
```

⑦ 
```
    1 5
+   9 6
-------
```

⑧ 
```
    7 6
+   4 5
-------
```

⑨ 
```
    6 2
+   7 9
-------
```

⑩ 
```
    5 9
+   6 3
-------
```

⑪ 
```
    2 9
+   8 5
-------
```

⑫ 
```
    3 8
+   8 8
-------
```

**도전해 보세요**

① 민준이가 줄넘기를 어제 53번, 오늘 78번 했습니다. 민준이는 어제와 오늘 줄넘기를 모두 몇 번 했나요?

(            )번

② ☐ 안에 알맞은 수를 써넣으세요.

```
   ☐ ☐
   6 ☐
+  5 7
-------
☐ ☐ 6
```

**개념연결**

| 1-2덧셈과 뺄셈(3) | 2-1덧셈과 뺄셈 | 여러 가지 방법으로 덧셈하기 | 2-1덧셈과 뺄셈 |
|---|---|---|---|
| 받아올림이 한 번 있는 덧셈 | 받아올림이 두 번 있는 덧셈 | $39+14=39+\boxed{10}+4$ $=\boxed{49}+4=\boxed{53}$ | 여러 가지 방법으로 뺄셈하기 |
| $35+39=\boxed{74}$ | $57+67=\boxed{124}$ | | $54-29=54-\boxed{20}-9$ $=\boxed{34}-9=\boxed{25}$ |

**배운 것을 기억해 볼까요?**

① $53+64=$      ② $38+95=$      ③ $83+19=$

## 여러 가지 방법으로 덧셈을 할 수 있어요.

**30초 개념**

두 자리 수를 몇십과 몇으로 나누어 여러 가지 방법으로 덧셈을 해요.
① 더하는 수의 몇십을 먼저 더해요.
② ①의 값에 더하는 수의 몇을 더해요.

**$39+14$의 계산**

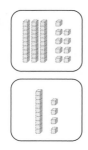

① $39$에 $10$을 먼저 더하기

$39+14$
$39+10=49$

② 계산한 값에 $4$를 더하기

$39+14$
$49$
$49+4=53$

**이런 방법도 있어요!**

두 자리 수를 몇십이나 몇십 더하기 몇으로 생각하여 덧셈을 해요.
**$19+52$ 계산하기**

① $19$를 $20$으로 생각하여 $52$와 더하기

$19+52=20+52-1$

$20 \quad 1$
$=72-1$

② 더한 값에서 $1$을 빼기

$19+52=20+52-1$
$=72-1$
$=71$

✏️ ☐ 안에 알맞은 수를 써넣으세요.

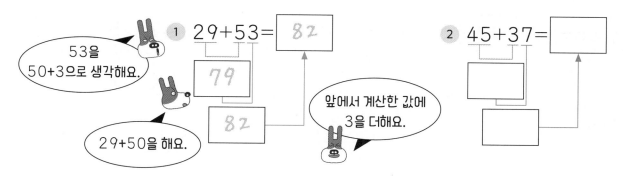

**1** 29+53= 82

53을 50+3으로 생각해요.

29+50을 해요.

79

82

앞에서 계산한 값에 3을 더해요.

**2** 45+37=

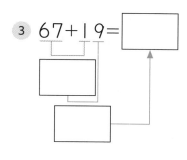

**3** 67+19=

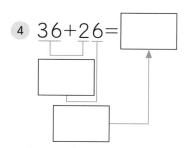

**4** 36+26=

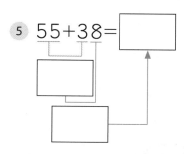

**5** 55+38=

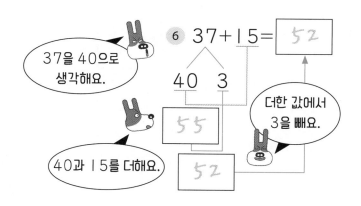

**6** 37+15= 52

37을 40으로 생각해요.

40과 15를 더해요.

40　3

55

52

더한 값에서 3을 빼요.

**7** 64+47=

50　3

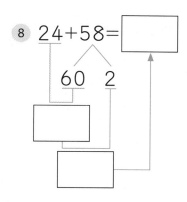

**8** 24+58=

60　2

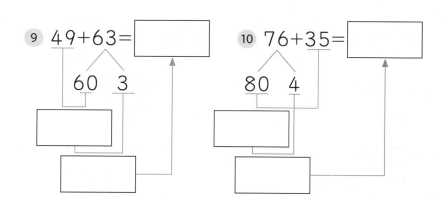

**9** 49+63=

60　3

**10** 76+35=

80　4

☐ 안에 알맞은 수를 써넣으세요.

① 35+49= 84

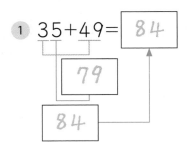

79

84

② 16+58= ☐

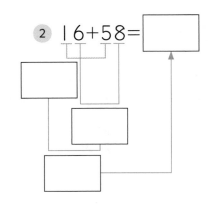

③ 47+25= ☐

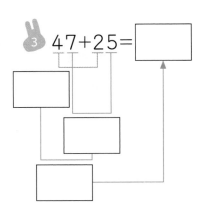

④ 74+19= ☐

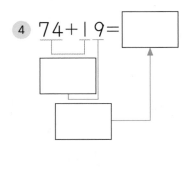

⑤ 63+17= ☐

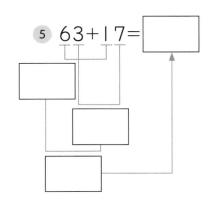

⑥ 52+39= ☐

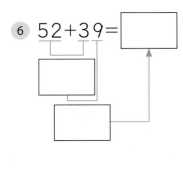

⑦ 15+48= ☐

50    2

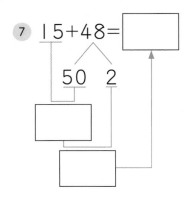

⑧ 53+59= ☐

60    l

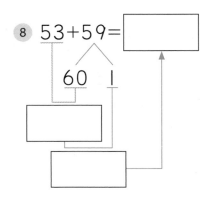

⑨ 71+29= ☐

70    l

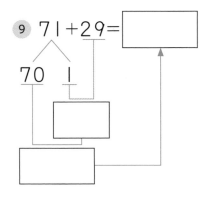

□ 안에 알맞은 수를 써넣으세요.

① $21+19=21+\boxed{10}+9$
$\phantom{21+19}=\boxed{31}+9$
$\phantom{21+19}=\boxed{40}$

② $27+38=20+\boxed{30}+7+8$
$\phantom{27+38}=\boxed{50}+15$
$\phantom{27+38}=\boxed{65}$

③ $46+37=46+\boxed{\phantom{00}}+7$
$\phantom{46+37}=\boxed{\phantom{00}}+7$
$\phantom{46+37}=\boxed{\phantom{00}}$

④ $74+33=70+\boxed{\phantom{00}}+4+3$
$\phantom{74+33}=\boxed{\phantom{00}}+7$
$\phantom{74+33}=\boxed{\phantom{00}}$

⑤ $91+72=91+\boxed{\phantom{00}}+2$
$\phantom{91+72}=\boxed{\phantom{00}}+2$
$\phantom{91+72}=\boxed{\phantom{00}}$

⑥ $85+34=80+\boxed{\phantom{00}}+5+4$
$\phantom{85+34}=\boxed{\phantom{00}}+9$
$\phantom{85+34}=\boxed{\phantom{00}}$

⑦ $17+24=\boxed{\phantom{00}}+24-3$
$\quad 20 \ \ 3 \phantom{=}=\boxed{\phantom{00}}-3$
$\phantom{17+24}=\boxed{\phantom{00}}$

⑧ $23+69=23+\boxed{\phantom{00}}-1$
$\quad 70 \ \ 1 =\boxed{\phantom{00}}-1$
$\phantom{23+69}=\boxed{\phantom{00}}$

⑨ $48+54=48+\boxed{\phantom{00}}+52$
$\quad 2 \ \ 52 =\boxed{\phantom{00}}+52$
$\phantom{48+54}=\boxed{\phantom{00}}$

⑩ $39+56=\boxed{\phantom{00}}+56-1$
$\quad 40 \ \ 1 \phantom{=}=\boxed{\phantom{00}}-1$
$\phantom{39+56}=\boxed{\phantom{00}}$

개념 키우기

✏️ 문제를 해결해 보세요.

1 다음 덧셈식을 계산 방법에 따라 바르게 설명한 사람은 누구인가요?

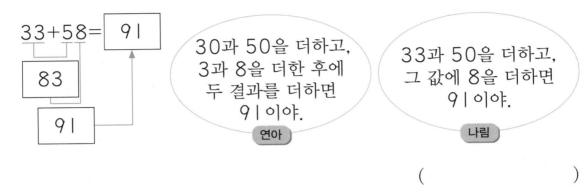

$33+58=$ 91

83

91

30과 50을 더하고,
3과 8을 더한 후에
두 결과를 더하면
91이야.
연아

33과 50을 더하고,
그 값에 8을 더하면
91이야.
나림

(              )

2 진우는 일상생활과 관련된 개인 방송을 합니다.
지금까지 구독자 수는 97명이고,
오늘 하루 동안의 구독 신청자 수는 38명입니다.
진우의 개인 방송 전체 구독자 수를
여러 가지 방법으로 구해 보세요.

도넛
4개를
한 입에
먹어 보겠
습니다

(1) 방법1 38을 40으로 생각하기

(2) 방법2 97을 100으로 생각하기

(3) 방법3 38을 3+35로 생각하기

**개념 다시보기**

□ 안에 알맞은 수를 써넣으세요.

1  34+27= □
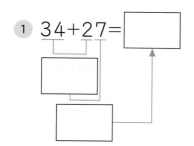

2  26+49= □
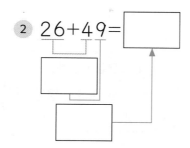

3  34+29= □
30    1
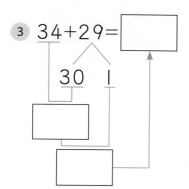

4  67+16= □
70    3
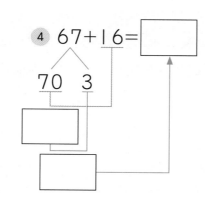

5  46+58= □
44    2
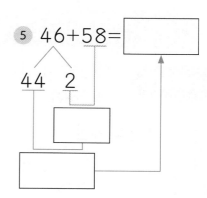

**도전해 보세요**

1  □ 안에 알맞은 수를 써넣으세요.

57+1 □ = □
16
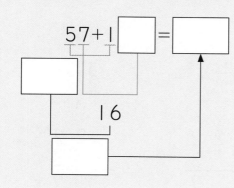

2  □ 안에 알맞은 수를 써넣으세요.

47+ □ =50+ □ -3
=76-3
= □

**개념연결**

| 1-2덧셈과 뺄셈(2) | 1-2덧셈과 뺄셈(3) | 받아내림이 있는 뺄셈 | 2-1덧셈과 뺄셈 |
|---|---|---|---|
| (십몇)-(몇) | 받아내림이 없는 뺄셈 | $22-6=\boxed{16}$ | (몇십)-(몇십몇) |
| $15-9=\boxed{6}$ | $23-11=\boxed{12}$ | | $40-17=\boxed{23}$ |

**배운 것을 기억해 볼까요?**

① $11-5=$ 　　　② $15-7=$ 　　　③ $12-3=$

## 십의 자리에서 받아내림이 있는 (몇십몇)-(몇)을 할 수 있어요.

**30초 개념** ▶ 빼는 수의 일의 자리가 클 때는 십의 자리에서 10을 받아내림하여 계산해요.

### 22-6의 계산

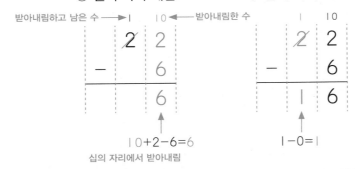

① 일의 자리 계산

받아내림하고 남은 수 → 받아내림한 수

$10+2-6=6$
십의 자리에서 받아내림

② 십의 자리 계산

$1-0=1$

**이런 방법도 있어요!**

수 모형으로 뺄셈을 할 수 있어요.

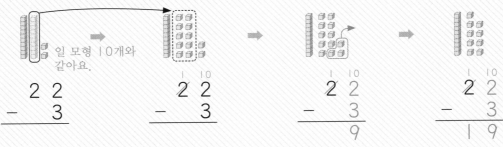

일 모형 10개와
같아요.

✏️ 계산해 보세요.

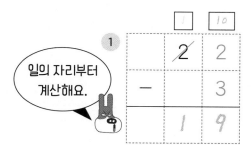

**1**

| | 1 | 10 |
|---|---|---|
| | 2̸ | 2 |
| − | | 3 |
| | 1 | 9 |

일의 자리부터 계산해요.

빼는 수의 일의 자리가 클 때는 십의 자리에서 10을 받아내림해요.

**2**

| | □ | □ |
|---|---|---|
| | 2 | 1 |
| − | | 2 |
| | | |

**3**

| | □ | □ |
|---|---|---|
| | 5 | 1 |
| − | | 8 |
| | | |

**4**

| | □ | □ |
|---|---|---|
| | 1 | 4 |
| − | | 9 |
| | | |

**5**

| | □ | □ |
|---|---|---|
| | 7 | 6 |
| − | | 7 |
| | | |

**6**

| | □ | □ |
|---|---|---|
| | 4 | 2 |
| − | | 4 |
| | | |

**7**

| | □ | □ |
|---|---|---|
| | 5 | 7 |
| − | | 8 |
| | | |

**8**

| | □ | □ |
|---|---|---|
| | 2 | 4 |
| − | | 5 |
| | | |

**9**

| | □ | □ |
|---|---|---|
| | 3 | 6 |
| − | | 8 |
| | | |

**10**

| | □ | □ |
|---|---|---|
| | 4 | 3 |
| − | | 9 |
| | | |

**11**

| | □ | □ |
|---|---|---|
| | 4 | 7 |
| − | | 8 |
| | | |

계산해 보세요.

1.
```
    5 7
  -   9
```

2.
```
    4 2
  -   9
```

3.
```
    5 0
  -   4
```

4.
```
    3 5
  -   8
```

5.
```
    6 5
  -   9
```

6.
```
    8 8
  -   7
```

7.
```
    6 1
  -   9
```

8.
```
    7 1
  -   5
```

9.
```
    4 3
  -   6
```

10.
```
    9 6
  -   5
```

11.
```
    2 7
  -   8
```

12.
```
    4 0
  -   3
```

13.
```
    9 5
  -   6
```

14.
```
    5 5
  -   7
```

15.
```
    8 3
  -   4
```

계산해 보세요.

**1** 23-6

| | 2 | 3 |
|---|---|---|
| − | | 6 |
| | | |

**2** 51-5

**3** 47-9

**4** 91-7

**5** 87-8

**6** 63+6

**7** 57-8

**8** 35-9

**9** 44-7

**10** 74-9

**11** 53-5

**12** 62-4

**13** 81-9

**14** 88-8

**15** 92-5

문제를 해결해 보세요.

1 서준이네 학교에서 알뜰장터가 열렸습니다. 서준이는 장터에 연필 28자루를 내놓았는데 그중 9자루가 팔렸습니다. 남은 연필은 몇 자루인가요?

식_____ 답_____자루

2 주원이 엄마는 36살, 아빠는 41살, 주원이는 9살입니다. 물음에 답하세요.

(1) 주원이는 엄마보다 몇 살이 적나요?

식_____ 답_____살

(2) 주원이는 아빠보다 몇 살이 적나요?

식_____ 답_____살

## 개념 다시보기

　계산해 보세요.

**1**

```
    7 0
  -   3
```

**2**

```
    8 1
  -   8
```

**3**

```
    8 6
  -   7
```

**4**

```
    3 1
  -   5
```

**5**

```
    4 5
  -   8
```

**6**

```
    5 3
  -   5
```

**7**

```
    6 4
  -   6
```

**8**

```
    5 2
  -   6
```

**9**

```
    8 3
  -   7
```

## 도전해 보세요

**1** 제기를 주원이는 25개, 서준이는 8개 찼습니다. 누가 몇 개 더 많이 찼나요?

　　( 　　　 ), ( 　　　 )개

**2** ☐ 안에 알맞은 수를 써넣으세요.

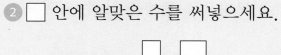

```
  ☐ ☐
  ☐   2
  -     6
  ─────
    2 6
```

# (몇십)-(몇십몇)

개념연결

| 1-2덧셈과 뺄셈(2) | 2-1덧셈과 뺄셈 |  | 2-1덧셈과 뺄셈 |
|---|---|---|---|
| (십몇)-(몇) | 받아내림이 있는 뺄셈 | (몇십)-(몇십몇) | 받아내림이 있는 뺄셈 |
| $12-6=\boxed{6}$ | $21-5=\boxed{16}$ | $30-13=\boxed{17}$ | $46-27=\boxed{19}$ |

**배운 것을 기억해 볼까요?**

① $13-7=$　　　② $21-5=$　　　③ $75-8=$

## 받아내림이 있는 (몇십)-(몇십몇)을 할 수 있어요.

**30초 개념**　일의 자리 수가 0이므로 십의 자리에서 받아내림하여 계산해요.

### 30-13의 계산

① 일의 자리 계산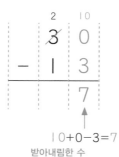

$$10+0-3=7$$
받아내림한 수

② 십의 자리 계산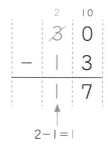

$$2-1=1$$

**이런 방법도 있어요!**

수 모형으로 뺄셈을 할 수 있어요.

일 모형 10개와 같아요.

$$\begin{array}{r} 5\,0 \\ -\,1\,7 \\ \hline \end{array}$$

$$\begin{array}{r} \overset{4}{5}\,\overset{10}{0} \\ -\,1\,7 \\ \hline \end{array}$$

$$\begin{array}{r} \overset{4}{5}\,\overset{10}{0} \\ -\,1\,7 \\ \hline 3 \end{array}$$

$$\begin{array}{r} \overset{4}{5}\,\overset{10}{0} \\ -\,1\,7 \\ \hline 3\,3 \end{array}$$

## 개념 익히기

✏️ 계산해 보세요.

**1**
일의 자리부터 순서대로 계산해요.

```
  4  10
  5̷  0
-  1  7
─────
  3  3
```

빼는 수의 일의 자리가 클 때는 십의 자리에서 10을 받아내림해요.

**2**
```
  □  □
  4  0
- 2  6
─────
```

**3**
```
  □  □
  3  0
- 2  4
─────
```

**4**
```
  □  □
  7  0
- 3  8
─────
```

**5**
```
  □  □
  6  0
- 1  5
─────
```

**6**
```
  □  □
  8  0
- 3  7
─────
```

**7**
```
  □  □
  6  0
- 2  9
─────
```

**8**
```
  □  □
  7  0
- 1  6
─────
```

**9**
```
  □  □
  4  0
- 2  3
─────
```

**10**
```
  □  □
  9  0
- 5  6
─────
```

**11**
```
  □  □
  8  0
- 1  8
─────
```

계산해 보세요.

1
```
    3 0
  - 1 4
```

2
```
    5 0
  - 2 9
```

3
```
    7 0
  - 3 3
```

4
```
    6 0
  - 4 7
```

5
```
    2 0
  - 1 2
```

6
```
    4 0
  - 1 5
```

7
```
    5 0
  - 3 4
```

8
```
    6 8
  - 2 6
```

9
```
    7 0
  - 3 7
```

10
```
    9 0
  - 5 8
```

11
```
    3 0
  - 1 9
```

12
```
    4 0
  + 2 5
```

13
```
    7 0
  - 4 6
```

14
```
    5 0
  - 2 1
```

15
```
    9 0
  - 7 2
```

✏️ 계산해 보세요.

**①** 30−16

|   | 3 | 0 |
|---|---|---|
| − | 1 | 6 |
|   |   |   |

**②** 60−35

**③** 40−29

**④** 90−47

**⑤** 70−38

**⑥** 17+26

**⑦** 50−36

**⑧** 80−45

**⑨** 40−27

**⑩** 50−19

**⑪** 64−34

**⑫** 90−69

**⑬** 50−23

**⑭** 80−68

**⑮** 70−46

개념 키우기

 문제를 해결해 보세요.

1  준혁이는 달걀 30개 중에서 14개를 요리에 사용하였습니다.
남은 달걀은 몇 개인가요?

식_____    답_____개

2  63빌딩의 60층은 전망대이고, 피난안전구역은 38층과 21층에 있습니다.
물음에 답하세요.

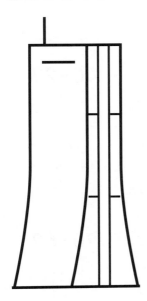

(1) 전망대에서 38층 피난안전구역으로 가려면
몇 층을 내려가야 하나요?

식_____    답_____층

(2) 전망대에서 21층 피난안전구역으로 가려면
몇 층을 내려가야 하나요?

식_____    답_____층

피난안전구역이란
높은 건물에 화재, 지진 등
재난이 발생했을 때
대피할 수 있는 곳이에요.

✎ 계산해 보세요.

① 
```
    7 0
 －  3 3
─────────
```

② 
```
    8 0
 －  5 8
─────────
```

③ 
```
    8 0
 －  6 7
─────────
```

④ 
```
    6 0
 －  2 9
─────────
```

⑤ 
```
    3 0
 －  1 6
─────────
```

⑥ 
```
    4 0
 －  2 7
─────────
```

⑦ 
```
    9 0
 －  4 6
─────────
```

⑧ 
```
    6 0
 －  3 5
─────────
```

⑨ 
```
    5 0
 －  1 3
─────────
```

⑩ 
```
    7 0
 －  3 4
─────────
```

⑪ 
```
    5 0
 －  2 6
─────────
```

⑫ 
```
    8 0
 －  6 9
─────────
```

**도전해 보세요**

① 민지는 위인전을 53쪽까지 읽었습니다. 90쪽까지 읽으려면 몇 쪽을 더 읽어야 하나요?

　　　( 　　　　　　　 )쪽

② ☐ 안에 알맞은 수를 써넣으세요.

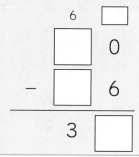

## 10단계 (두 자리 수)−(두 자리 수)

◀ 개념연결

| 2-1덧셈과 뺄셈 | 2-1덧셈과 뺄셈 | 받아내림이 있는 뺄셈 | 2-1덧셈과 뺄셈 |
|---|---|---|---|
| 받아내림이 있는 뺄셈<br>21−5=16 | (몇십)−(몇십몇)<br>30−13=17 | 46−27=19 | 여러 가지 방법으로 뺄셈하기<br>46−27=46−20−7<br>=26−7=19 |

◀ 배운 것을 기억해 볼까요?

1  13−7=

2  50−25=

3  70−46=

## 받아내림이 있는 두 자리 수의 뺄셈을 할 수 있어요.

**30초 개념**  빼는 수의 일의 자리가 클 때는 십의 자리에서 받아내림하여 일의 자리를 계산해요.

### 52−15의 계산

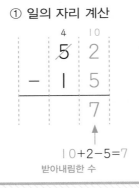

① 일의 자리 계산

$$\begin{array}{r} \overset{4}{\cancel{5}}\ \overset{10}{2} \\ -\ 1\ 5 \\ \hline 7 \end{array}$$

↑
10+2−5=7
받아내림한 수

② 십의 자리 계산

$$\begin{array}{r} \overset{4}{\cancel{5}}\ \overset{10}{2} \\ -\ 1\ 5 \\ \hline 3\ 7 \end{array}$$

↑
4−1=3

◀ 이런 방법도 있어요!

수 모형으로 뺄셈을 할 수 있어요.

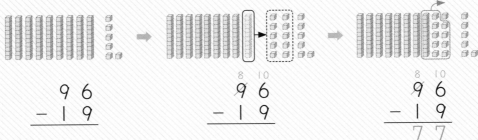

$$\begin{array}{r} 9\ 6 \\ -\ 1\ 9 \\ \hline \end{array}$$
→
$$\begin{array}{r} \overset{8}{9}\ \overset{10}{6} \\ -\ 1\ 9 \\ \hline \end{array}$$
→
$$\begin{array}{r} \overset{8}{9}\ \overset{10}{6} \\ -\ 1\ 9 \\ \hline 7\ 7 \end{array}$$

✏️ 계산해 보세요.

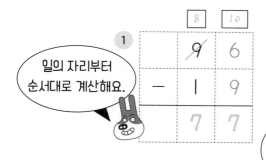

일의 자리부터 순서대로 계산해요.

빼는 수의 일의 자리가 클 때는 십의 자리에서 10을 받아내림해요.

1.
```
    8  10
    9̸  6
 -  1  9
 ────────
    7  7
```

2.
```
    □  □
    5  2
 -  3  6
 ────────
```

3.
```
    □  □
    8  2
 -  5  4
 ────────
```

4.
```
    □  □
    6  8
 -  3  9
 ────────
```

5.
```
    □  □
    4  2
 -  1  3
 ────────
```

6.
```
    □  □
    9  2
 -  6  9
 ────────
```

7.
```
    □  □
    8  1
 -  7  2
 ────────
```

8.
```
    □  □
    7  5
 -  2  7
 ────────
```

9.
```
    □  □
    5  4
 -  3  9
 ────────
```

10.
```
    □  □
    6  1
 -  1  8
 ────────
```

11.
```
    □  □
    3  7
 -  2  9
 ────────
```

계산해 보세요.

1
```
    8  5
 -  5  7
```

2
```
    6  7
 -  4  6
```

3
```
    7  2
 -  2  3
```

4
```
    4  2
 -  3  6
```

5
```
    5  3
 -  1  7
```

6
```
    3  5
 -  2  1
```

7
```
    8  7
 -  1  9
```

8
```
    4  2
 -  3  2
```

9
```
    6  1
 -  4  4
```

10
```
    6  1
 -  3  2
```

11
```
    9  4
 -  3  6
```

12
```
    7  3
 -  5  8
```

13
```
    4  7
 -  1  8
```

14
```
    6  6
 -  4  8
```

15
```
    8  1
 -  5  3
```

계산해 보세요.

① 82-45

|  | 8 | 2 |
|---|---|---|
| − | 4 | 5 |
|  |  |  |

② 74-57

③ 21-12

④ 63-38

⑤ 35-19

⑥ 86-27

⑦ 52+36

⑧ 73-45

⑨ 65-37

⑩ 97-79

⑪ 46-25

⑫ 74-36

⑬ 55-19

⑭ 63-24

⑮ 81-53

개념 키우기

✎ 문제를 해결해 보세요.

① 도서관 앞 계단은 모두 42칸이고, 희진이는 이 중 17칸을 올라갔습니다.
몇 칸을 더 올라가야 계단을 모두 오르게 되나요?

식_____ 답_____칸

② 제기를 서준이는 33개, 강준이는 24개, 민서는 15개를 찼습니다.
물음에 답하세요.

(1) 서준이는 강준이보다 몇 개 더 찼나요?

식_____ 답_____개

(2) 서준이는 민서보다 몇 개 더 찼나요?

식_____ 답_____개

(3) 강준이는 민서보다 몇 개 더 찼나요?

식_____ 답_____개

✎ 계산해 보세요.

1
```
    5 5
  - 4 6
```

2
```
    6 3
  - 2 9
```

3
```
    4 2
  - 1 5
```

4
```
    9 4
  - 3 9
```

5
```
    5 1
  - 2 5
```

6
```
    6 4
  - 4 7
```

7
```
    3 2
  - 1 6
```

8
```
    7 6
  - 3 7
```

9
```
    8 5
  - 5 8
```

## 도전해 보세요

1 서윤이는 딱지를 21개 가지고 있었습니다. 그중에서 준수에게 12개를 주었다면 서윤이에게 남은 딱지는 몇 개인가요?

(            )개

2 ☐ 안에 들어갈 수 있는 수를 모두 찾아 ○표 하세요.

$$53-\square>16$$

42   33   50   25

**개념연결**

| 1-2덧셈과 뺄셈(3) | 2-1덧셈과 뺄셈 |  여러 가지 방법으로 뺄셈하기 | 2-1덧셈과 뺄셈 |
|---|---|---|---|
| 받아내림이 없는 뺄셈 | 받아내림이 있는 뺄셈 | $54-29=54-\boxed{20}-9$ | 덧셈과 뺄셈의 관계 |
| $27-11=\boxed{16}$ | $46-27=\boxed{19}$ | $=\boxed{34}-9=25$ | $19+4=23 \begin{cases} \boxed{23}-19=4 \\ \boxed{23}-4=19 \end{cases}$ |

**배운 것을 기억해 볼까요?**

1  $35-24=$        2  $75-49=$        3  $60-11=$

## 여러 가지 방법으로 뺄셈을 할 수 있어요.

**30초 개념**  두 자리 수를 (몇십)+(몇)으로 생각한 후에
여러 가지 방법으로 뺄셈을 해요.

### 54-29의 계산

**방법1**  $54-29=25$
      30   1
$54-30=24$
$24+1=25$

**방법2**  $54-29$
$=54-20-9$
$=34-9$
$=25$

① 29=20+9를 이용해요.
② 54에서 20을 먼저 빼고 9를 빼는 방법이에요.

**이런 방법도 있어요!**

일의 자리 수를 같게 해서
54에서 24를 뺀 후
5를 빼는 방법도 있어요.

$54-29=25$
      24   5
$54-24=30$
$30-5=25$

□ 안에 알맞은 수를 써넣으세요.

① 71 − 58 = 13

58을 60으로 생각해요.

60  2

11

앞에서 더 뺀 수만큼 계산한 값에 더해요.

13

② 47 − 19 = □

20  1

③ 45 − 22 = □

22를 20+2로 생각해요.

20  2

앞에서 덜 뺀 수만큼 계산한 값에서 빼요.

④ 63 − 42 = □

40  2

⑤ 37−25

=37−20−□

=□−□

=□

⑥ 66−31

=66−30−□

=□−□

=□

⑦ 84−53

=84−50−□

=□−□

=□

⑧ 47−29

=47−27−□

=20−□

=□

⑨ 61−38

=61−□−7

=□−7

=□

⑩ 74−55

=74−□−1

=□−1

=□

☐ 안에 알맞은 수를 써넣으세요.

① 46-29= ☐

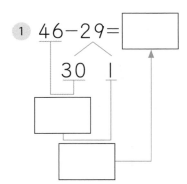

30　1

② 41-23= ☐

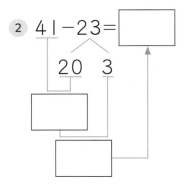

20　3

③ 65-38= ☐

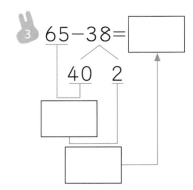

40　2

④ 72-55

=72-50- ☐

= ☐ - ☐

= ☐

⑤ 91-63

=91-60- ☐

= ☐ - ☐

= ☐

⑥ 51-32

=51-30- ☐

= ☐ - ☐

= ☐

⑦ 55-28= ☐

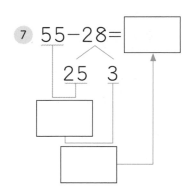

25　3

⑧ 61-36= ☐

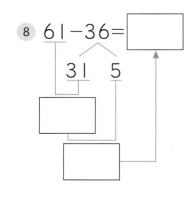

31　5

⑨ 43-27= ☐

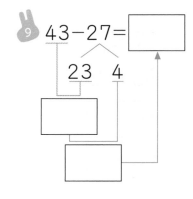

23　4

⑩ 52-25

=52-22- ☐

= ☐ - ☐

= ☐

⑪ 68-39

=68-38- ☐

= ☐ - ☐

= ☐

⑫ 21-17

=21-11- ☐

= ☐ - ☐

= ☐

☐ 안에 알맞은 수를 써넣으세요.

① 92−38= ☐

40  2

② 87−63= ☐

60  3

③ 72−21= ☐

20  1

④ 82−69=82−70+ ☐

=12+ ☐

= ☐

⑤ 92−77=92− ☐ +3

= ☐ +3

= ☐

⑥ 36−18=36− ☐ −2

= ☐ −2

= ☐

⑦ 33−16=33− ☐ −3

= ☐ −3

= ☐

⑧ 73−55=73− ☐ −5

= ☐ −5

= ☐

⑨ 95−69=95− ☐ −9

= ☐ −9

= ☐

**개념 키우기**

✎ 문제를 해결해 보세요.

① 태연이는 53−27에서 53을 50 더하기 3으로 생각하여 계산하려고 합니다.
☐ 안에 알맞은 수를 써넣으세요.

$$53-27=50-27+\boxed{\phantom{0}}$$
$$=\boxed{\phantom{0}}+\boxed{\phantom{0}}$$
$$=\boxed{\phantom{0}}$$

② 민서네 학교 2학년 학생은 84명입니다.
그중 방과후학교에 참여하는 학생은 57명입니다.
방과후학교에 참여하지 않는 학생은 모두 몇 명인지 여러 가지 방법으로 구해 보세요.

(1) **방법1** 57을 50+7로 생각하여 84에서 50을 먼저 빼고 7을 더 빼기

(2) **방법2** 57을 60으로 생각하여 구하기

(3) **방법3** 일의 자리 수를 같게 하여 구하기

✎ ☐ 안에 알맞은 수를 써넣으세요.

① 72−39= ☐

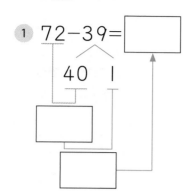

40    1

② 64−26= ☐

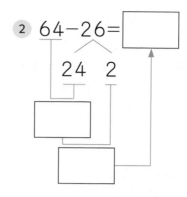

24    2

③ 61−18=61−20+ ☐

    =41+ ☐

    = ☐

④ 42−26=42− ☐ −4

    = ☐ −4

    = ☐

도전해 보세요

① 31−14를 일의 자리 수를 같게 하여 두 가지 방법으로 구해 보세요.

(1) 일의 자리 수를 1로 같게 하는 방법

(2) 일의 자리 수를 4로 같게 하는 방법

② ☐ 안에 알맞은 수를 써넣으세요.

72− ☐ =72− ☐ −3

    =42−3

    = ☐

**개념연결**

| 2-1 덧셈과 뺄셈 | 2-1 덧셈과 뺄셈 | | 2-1 덧셈과 뺄셈 |
|---|---|---|---|
| 여러 가지 방법으로 덧셈하기 | 여러 가지 방법으로 뺄셈하기 | 덧셈과 뺄셈의 관계 | □의 값 구하기 |

$39+14=39+\boxed{10}+4$
$\quad\quad\quad=\boxed{49}+4=\boxed{53}$

$54-29=54-\boxed{20}-9$
$\quad\quad\quad=\boxed{34}-9=\boxed{25}$

$23-19=\boxed{4}$ ⟨ $\boxed{4}+19=23$
$\quad\quad\quad\quad$ $19+\boxed{4}=23$

$\boxed{\phantom{0}}+5=8$
$\boxed{\phantom{0}}=3$

**배운 것을 기억해 볼까요?**

1  $53-26=$

2  $53-\boxed{\phantom{00}}=27$

3  $26+27=$

## 덧셈식과 뺄셈식의 관계를 식으로 나타낼 수 있어요.

**30초 개념** ▶ 덧셈식을 뺄셈식으로, 뺄셈식을 덧셈식으로 나타낼 수 있어요.

● + ▲ = ■ ⟨ ■ − ● = ▲
$\quad\quad\quad\quad\quad$ ■ − ▲ = ●

■ − ● = ▲ ⟨ ▲ + ● = ■
$\quad\quad\quad\quad\quad$ ● + ▲ = ■

**덧셈식을 뺄셈식으로 나타내기**

$19+4=23$ ⟨ $23-19=4$
$\quad\quad\quad\quad\quad$ $23-4=19$

19에 4를 더하면 23입니다.
➡ 23에서 19를 빼면 4입니다.
➡ 23에서 4를 빼면 19입니다.

**뺄셈식을 덧셈식으로 나타내기**

$23-19=4$ ⟨ $4+19=23$
$\quad\quad\quad\quad\quad$ $19+4=23$

23에서 19를 빼면 4입니다.
➡ 4에 19를 더하면 23입니다.
➡ 19에 4를 더하면 23입니다.

**이런 방법도 있어요!**

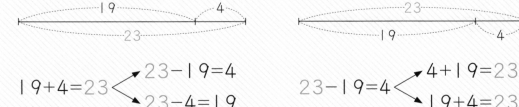

개념 익히기

덧셈식을 보고 뺄셈식으로 나타내어 보세요.

① 22+9=31

31 − 22 = 9

31 − 9 = 22

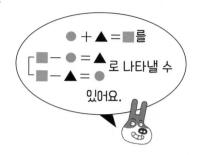

● + ▲ = ■ 를

[ ■ − ● = ▲ 로 나타낼 수

■ − ▲ = ● 있어요.

② 19+64=83

☐ − 19 = 64

☐ − 64 = 19

③ 36+29=65

☐ − ☐ = 29

☐ − ☐ = 36

뺄셈식을 보고 덧셈식으로 나타내어 보세요.

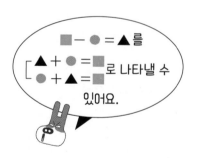

■ − ● = ▲ 를

[ ▲ + ● = ■ 로 나타낼 수

● + ▲ = ■ 있어요.

④ 42−33=9

9 + ☐ = ☐

33 + ☐ = ☐

⑤ 57−48=9

☐ + 48 = 57

☐ + 9 = 57

⑥ 42−26=16

☐ + ☐ = 42

☐ + ☐ = 42

덧셈식을 보고 뺄셈식으로, 뺄셈식을 보고 덧셈식으로 나타내어 보세요.

**1** 53−47=6

$$\boxed{\phantom{00}} + \boxed{\phantom{0}} = 53$$
$$\boxed{\phantom{0}} + \boxed{\phantom{00}} = 53$$

**2** 54+29=83

$$\boxed{\phantom{00}} - 54 = 29$$
$$\boxed{\phantom{00}} - 29 = 54$$

**3** 37+47=84

$$84 - \boxed{\phantom{00}} = 47$$
$$84 - \boxed{\phantom{00}} = 37$$

**4** 63−17=46

$$46 + \boxed{\phantom{00}} = \boxed{\phantom{00}}$$
$$17 + \boxed{\phantom{00}} = \boxed{\phantom{00}}$$

**5** 34+18=52

$$\boxed{\phantom{00}} - \boxed{\phantom{00}} = 18$$
$$\boxed{\phantom{00}} - \boxed{\phantom{00}} = 34$$

**6** 17+64=81

$$\boxed{\phantom{00}} - 17 = \boxed{\phantom{00}}$$
$$\boxed{\phantom{00}} - 64 = \boxed{\phantom{00}}$$

**7** 36+47=83

$$\boxed{\phantom{00}} - 36 = \boxed{\phantom{00}}$$
$$\boxed{\phantom{00}} - 47 = \boxed{\phantom{00}}$$

**8** 46−19=27

$$\boxed{\phantom{00}} + 19 = \boxed{\phantom{00}}$$
$$\boxed{\phantom{00}} + 27 = \boxed{\phantom{00}}$$

덧셈식을 보고 뺄셈식으로, 뺄셈식을 보고 덧셈식으로 나타내어 보세요.

① $43+29=72$    ② $62-39=23$

| 7 | 2 | − | 4 | 3 | = | 2 | 9 |
| 7 | 2 | − | 2 | 9 | = | 4 | 3 |

③ $52-36=16$    ④ $67+16=83$

⑤ $44+37=81$    ⑥ $91-24=67$

⑦ $64+19=83$    ⑧ $75-48=27$

개념 키우기

문제를 해결해 보세요.

1 그림을 보고 ☐ 안에 알맞은 수를 써넣으세요.

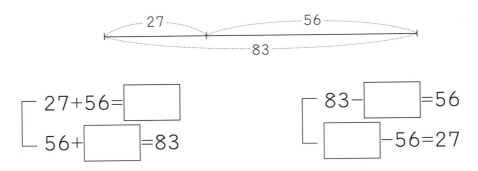

27 ⌢ 56
83

$27+56=$☐

$56+$☐$=83$

$83-$☐$=56$

☐$-56=27$

2 서준이는 ☆ 모양 스티커 19개와 ♥ 모양 스티커 24개를 가지고 있습니다. 물음에 답하세요.

19개　　　　24개

(1) 서준이가 가지고 있는 전체 스티커의 수를 덧셈식으로 나타내어 보세요.

덧셈식 _____

(2) 위의 덧셈식을 보고 2개의 뺄셈식으로 나타내어 보세요.

뺄셈식 ① _____

② _____

✏️ 주어진 세 수를 이용하여 덧셈식과 뺄셈식을 만들어 보세요.

**1**

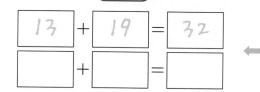
13　　19　　32

**덧셈식**

| 13 | + | 19 | = | 32 |

| | + | | = | |

⟷

**뺄셈식**

| 32 | − | 13 | = | 19 |

| | − | | = | |

**2**

27　　54　　81

**덧셈식**

| | + | | = | |

| | + | | = | |

⟷

**뺄셈식**

| | − | | = | |

| | − | | = | |

**3**

37　　39　　76

**덧셈식**

| | + | | = | |

| | + | | = | |

⟷

**뺄셈식**

| | − | | = | |

| | − | | = | |

**도전해 보세요**

**1** ☐ 안에 알맞은 수를 써넣으세요.

☐ $+56=92$

➡ $92-$ ☐ $=36$

**2** ☐ 안에 알맞은 수를 써넣고, 덧셈식 2개를 만들어 보세요.

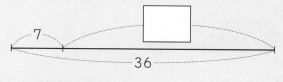
7　　　　　☐
　　　36

**덧셈식** ① _____

② _____

## 13단계  □의 값 구하기

**개념연결**

| 2-1덧셈과 뺄셈 | 2-1덧셈과 뺄셈 | | 2-1덧셈과 뺄셈 |
|---|---|---|---|
| 여러 가지 방법으로 뺄셈하기 | 덧셈과 뺄셈의 관계 | □의 값 구하기 | 세 수의 덧셈 |
| 54−29 =54−30+1=25 | 19+5=24 ⟨ 24−5=19, 24−19=5 | 2+3=5 | 12+14+16=42 |

**배운 것을 기억해 볼까요?**

1  5+9=14 ⟨ 14−□=9, 14−□=5

2  21−8=13 ⟨ 13+□=21, 8+□=21

## □의 값을 구할 수 있어요.

**30초 개념**  모르는 어떤 수를 □를 사용하여 덧셈식과 뺄셈식으로 나타내고 □의 값을 구할 수 있어요.

**□의 값 구하기**

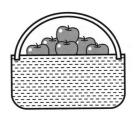 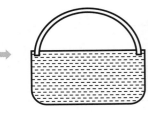

바구니에 든 사과의 수=□

덧셈식 만들기  □+5=18

뺄셈식으로 바꾸기  18−5=□  ➡  □=13

**이런 방법도 있어요!**

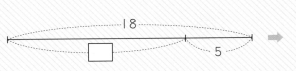

뺄셈식 만들기  18−□=5

다른 뺄셈식으로 바꾸기  18−5=□  ➡  □=13

✎ 어떤 수를 □로 나타내어 식을 만들고 어떤 수를 구해 보세요.

**1** 24와 어떤 수의 합은 35입니다.

모르는 어떤 수를 □로 써요.

식 $24 + \boxed{\phantom{0}} = 35$

➡ $\boxed{\phantom{0}} = 35 - 24 = 11$

덧셈식은 뺄셈식으로 뺄셈식은 덧셈식으로 나타내어 계산해요.

**2** 어떤 수와 6의 차는 17입니다.

식 _____

➡ $\boxed{\phantom{0}} =$

**3** 15와 어떤 수의 합은 43입니다.

식 _____

➡ $\boxed{\phantom{0}} =$

**4** 어떤 수와 5의 차는 12입니다.

식 _____

➡ $\boxed{\phantom{0}} =$

**5** 12와 어떤 수의 합은 21입니다.

식 _____

➡ $\boxed{\phantom{0}} =$

**6** 32에서 어떤 수를 빼면 16입니다.

식 _____

➡ $\boxed{\phantom{0}} =$

**7** 어떤 수와 26의 합은 42입니다.

식 _____

➡ $\boxed{\phantom{0}} =$

**8** 어떤 수에서 9를 빼면 55입니다.

식 _____

➡ $\boxed{\phantom{0}} =$

**9** 어떤 수와 19의 합은 77입니다.

식 _____

➡ $\boxed{\phantom{0}} =$

보기 와 같이 덧셈식에서 ☐의 값을 구해 보세요.

보기

$$63+☐=81$$

➡ $$☐=81-63=18$$

1  $$☐+27=44$$

➡ ☐=_____

2  $$34+☐=62$$

➡ ☐=_____

3  $$☐+59=86$$

➡ ☐=_____

4  $$29+☐=94$$

➡ ☐=_____

5  $$☐+15=72$$

➡ ☐=_____

6  $$47+☐=74$$

➡ ☐=_____

7  $$☐+63=91$$

➡ ☐=_____

8  $$19+☐=32$$

➡ ☐=_____

9  $$☐+36=55$$

➡ ☐=_____

10  $$58+☐=83$$

➡ ☐=_____

11  $$☐+43=61$$

➡ ☐=_____

✏️ 보기 와 같이 뺄셈식에서 ☐의 값을 구해 보세요.

보기

$$52 - \boxed{\phantom{0}} = 36$$

➡ $\boxed{\phantom{0}} = 52 - 36 = 16$

 1   $70 - \boxed{\phantom{0}} = 53$

➡ $\boxed{\phantom{0}} = $ _____

2   $93 - \boxed{\phantom{0}} = 79$

➡ $\boxed{\phantom{0}} = $ _____

3   $64 - \boxed{\phantom{0}} = 37$

➡ $\boxed{\phantom{0}} = $ _____

4   $64 - \boxed{\phantom{0}} = 45$

➡ $\boxed{\phantom{0}} = $ _____

5   $82 - \boxed{\phantom{0}} = 44$

➡ $\boxed{\phantom{0}} = $ _____

6   $55 - \boxed{\phantom{0}} = 47$

➡ $\boxed{\phantom{0}} = $ _____

7   $33 - \boxed{\phantom{0}} = 15$

➡ $\boxed{\phantom{0}} = $ _____

8   $43 - \boxed{\phantom{0}} = 19$

➡ $\boxed{\phantom{0}} = $ _____

9   $71 - \boxed{\phantom{0}} = 24$

➡ $\boxed{\phantom{0}} = $ _____

개념 키우기

✎ 문제를 해결해 보세요.

1 규영이와 강호가 가지고 있는 수 카드에 적힌 두 수의 합은 서로 같습니다.
강호가 가지고 있는 수 카드의 ㉠을 구해 보세요.

(                    )

2 준기가 초콜릿 17개 중에서 몇 개를
동생에게 주었더니 초콜릿이 8개 남았습니다.
물음에 답하세요.

(1) 무엇을 □로 나타내야 하는지 써 보세요.

_____

(2) □를 사용한 식을 쓰고, 답을 구해 보세요.

식_____ 답_____개

✎ 어떤 수를 □로 나타내어 식을 만들고 어떤 수를 구해 보세요.

① 16과 어떤 수의 합은 43입니다.

식 _____

➡ □ =

② 어떤 수와 9의 차는 25입니다.

식 _____

➡ □ =

③ 어떤 수보다 17 작은 수는 32입니다.

식 _____

➡ □ =

④ 어떤 수보다 22 큰 수는 31입니다.

식 _____

➡ □ =

⑤ 어떤 수에 8을 더하면 50입니다.

식 _____

➡ □ =

⑥ 34에서 어떤 수를 빼면 19입니다.

식 _____

➡ □ =

### 도전해 보세요

① 다음을 보고 □를 사용한 식을 쓰고, 답을 구해 보세요.

> 바둑돌 32개에서 몇 개를 빼냈더니 바둑돌이 14개 남았습니다.

식 _____

답 _____

② 그림을 보고 □를 사용한 덧셈식을 쓰고, 답을 구해 보세요.

```
        62
  35          □
```

식 _____

답 _____

**개념연결**

| 1-1덧셈과 **뺄셈** | 1-2덧셈과 **뺄셈(1)** |  세 수의 덧셈 | 2-1덧셈과 **뺄셈** |
|---|---|---|---|
| 9 이하의 덧셈 | 한 자리 수인 세 수의 덧셈 | | 세 수의 뺄셈 |
| 2+3=⑤ | 2+3+4=⑨ | 12+14+16=④② | 21−6−7=⑧ |

**배운 것을 기억해 볼까요?**

1 4+3+2=

2 5+1+2=

3 7+1+1=

4 6+0+3=

## 세 수의 덧셈을 할 수 있어요.

**30초 개념**
세 수의 덧셈은 앞의 두 수를 먼저 더한 다음, 남은 한 수를 더해요.
각 자리 수끼리의 합이 10이거나 10보다 크면 받아올림을 해요.

**36+7+9의 계산**

$$36+7+9=52$$
$$43$$
$$52$$

```
    3 6  ②→  4 3
  +   7     +   9
    4 3       5 2
①
```

**이런 방법도 있어요!**

세 수의 덧셈은 더하는 순서를 다르게 해도 결과가 같아요.
덧셈만 있을 때는 순서를 바꿔서 계산해도 돼요.

$$36+7+9=52$$
$$45$$
$$52$$

$$36+7+9=52$$
$$16$$
$$52$$

## 개념 익히기

✏️ ☐ 안에 알맞은 수를 써넣으세요.

① 16+5+8= 29

21

29

두 수를 먼저 더하고
남은 한 수를 더해요.

② 29+4+7= ☐
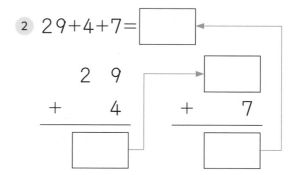

③ 34+16+18= ☐
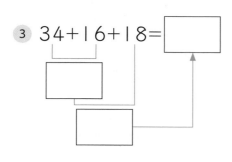

④ 45+17+24= ☐
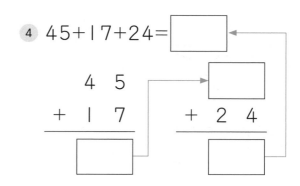

⑤ 59+32+19= ☐
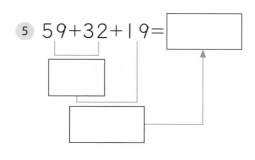

⑥ 69+14+25= ☐
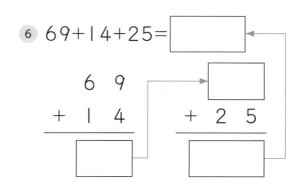

 덤

몇십이 되도록 만들어서 계산할 수 있어요.　　16+5+8=29

4　1

20　9

29

□ 안에 알맞은 수를 써넣으세요.

**1** 26+29+27=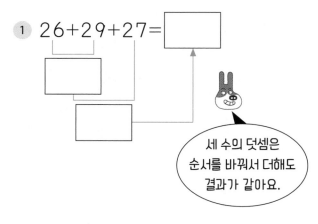

세 수의 덧셈은 순서를 바꿔서 더해도 결과가 같아요.

**2** 19+67+15=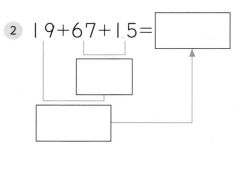

**3** 15+46+58=

**4** 27+45+16=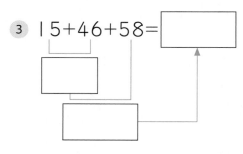

**5** 39+14+19=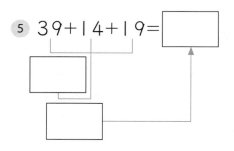

**6** 69+18+37=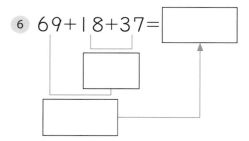

**7** 43+58+76=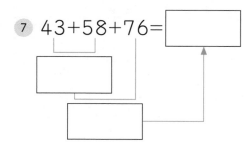

**8** 75+37+15=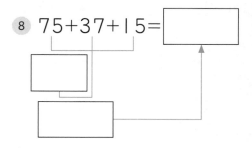

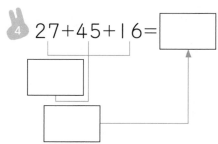

계산해 보세요.

① 15+39+47

```
    1 5        → 5 4
+   3 9      + 4 7
    5 4        1 0 1
```

② 27+45+56

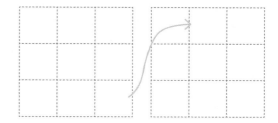

③ 19+46+18

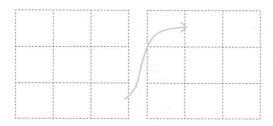

④ 14+29+45

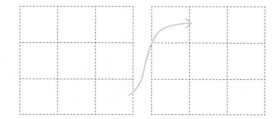

⑤ 64+29+58

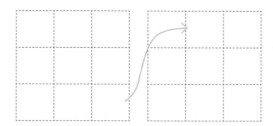

⑥ 45+36+57

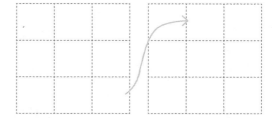

⑦ 26+37+67

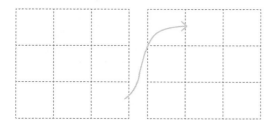

⑧ 38+14+68

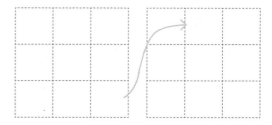

개념 키우기

✎ 문제를 해결해 보세요.

1 합이 80이 되는 세 수를 찾아 써 보세요.

| 25 | 29 | 15 | 42 | 36 |

(                    )

2 윤수는 딱지를 27장 모았습니다. 민주는 윤수보다 9장을 더 모았고,
세찬이는 민주보다 16장을 더 모았습니다. 물음에 답하세요.

(1) 민주는 딱지를 몇 장 모았나요?

식＿＿＿＿＿＿＿＿＿＿＿ 답＿＿＿＿＿＿＿장

(2) 세찬이는 윤수보다 딱지를 얼마나 더 많이 모았나요?

식＿＿＿＿＿＿＿＿＿＿＿ 답＿＿＿＿＿＿＿장

(3) 세찬이가 모은 딱지는 모두 몇 장인가요?

식＿＿＿＿＿＿＿＿＿＿＿ 답＿＿＿＿＿＿＿장

## 개념 다시보기

✏️ ☐안에 알맞은 수를 써넣으세요.

① 36+13+47= ☐

$$\begin{array}{r} 1\ 3 \\ +\ 4\ 7 \\ \hline \end{array}$$ ☐

$$\begin{array}{r} +\ 3\ 6 \\ \hline \end{array}$$ ☐

② 49+25+16= ☐
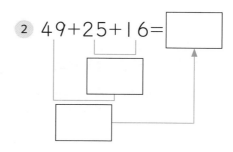

③ 69+17+9= ☐
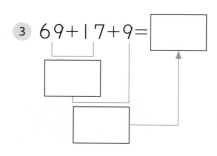

④ 77+26+43= ☐
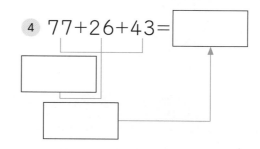

⑤ 56+25+34= ☐
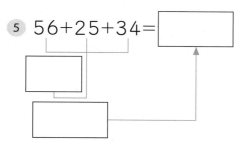

⑥ 34+47+41= ☐
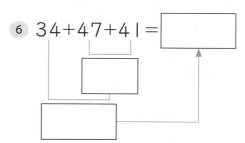

## 도전해 보세요

① 보기 의 수 중에서 ☐ 안에 알맞은 수를 찾아 써넣으세요.

**보기**
| 11 | 13 | 17 |

25+13+ ☐ =55

25+19+ ☐ =55

25+17+ ☐ =55

② 빈 곳에 세 수의 합을 써 보세요.

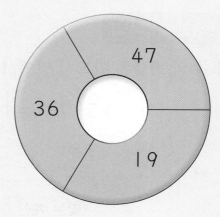

47　36　19

# 세 수의 뺄셈

개념연결

**1-2덧셈과 뺄셈(1)**
한 자리 수인 세 수의 뺄셈
$9-2-4=\boxed{3}$

**1-2덧셈과 뺄셈(2)**
(두 자리 수)-(한 자리 수)
$13-5=\boxed{8}$

세 수의 뺄셈
$21-6-7=\boxed{8}$

**2-1덧셈과 뺄셈**
세 수의 덧셈과 뺄셈
$25+8-3=\boxed{30}$

**배운 것을 기억해 볼까요?**

1  $7-2-3=$

2  $9-5-2=$

3  $14-7=$

4  $27-19=$

## 세 수의 뺄셈을 할 수 있어요.

**30초 개념**

세 수의 뺄셈은 앞에서부터 순서대로 계산해요.
각 자리 수끼리 뺄 수 없을 때는 받아내림을 해요.

**25-7-5의 계산**

$$25-7-5=13$$

$$\begin{array}{c}18\\13\end{array}$$

$$\begin{array}{r} 25 \\ -\ 7 \\ \hline 18 \end{array} \qquad \begin{array}{r} 18 \\ -\ 5 \\ \hline 13 \end{array}$$

**이런 방법도 있어요!**

세 수의 뺄셈은 반드시 앞에서부터 두 수씩 차례대로 빼요.

$$25-7-5=13$$
$$18$$
$$13$$
**맞는 계산**

$$25-7-5=23$$
$$2$$
$$23$$
**틀린 계산**

## 개념 익히기

✏️ ☐ 안에 알맞은 수를 써넣으세요.

① 51−28−16= ☐

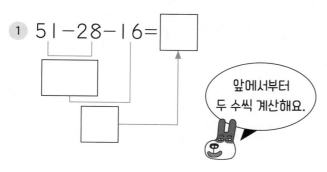

앞에서부터
두 수씩 계산해요.

② 74−45−18= ☐

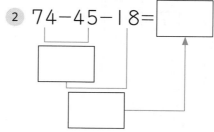

③ 77−29−36= ☐

④ 52−27−14= ☐

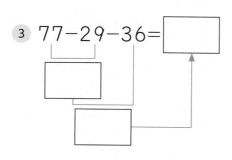

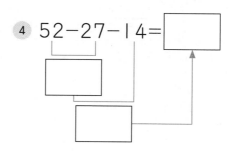

⑤ 62−24−29= ☐

```
  6 2        ☐
− 2 4      − 2 9
─────      ─────
  ☐          ☐
```

⑥ 91−69−17= ☐

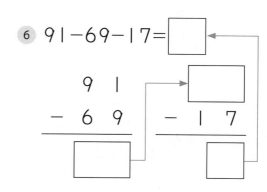

```
  9 1        ☐
− 6 9      − 1 7
─────      ─────
  ☐          ☐
```

⑦ 92−15−56= ☐

```
  9 2        ☐
− 1 5      − 5 6
─────      ─────
  ☐          ☐
```

⑧ 60−17−15= ☐

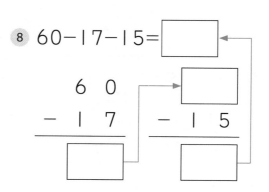

```
  6 0        ☐
− 1 7      − 1 5
─────      ─────
  ☐          ☐
```

□ 안에 알맞은 수를 써넣으세요.

① 90−69−17= □

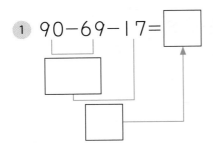

② 63−18−36= □

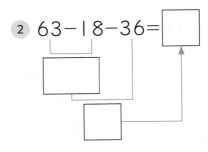

③ 86−59−19= □

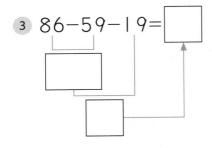

④ 93−27−38= □

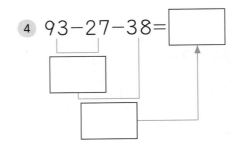

⑤ 62−25−22= □

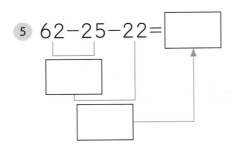

⑥ 75−25−29= □

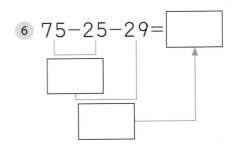

⑦ 94−37−44= □

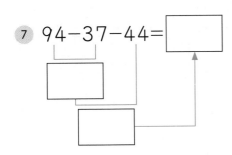

⑧ 81−37−19= □

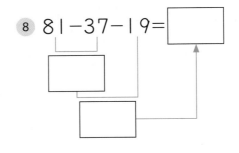

⑨ 76−47−16= □

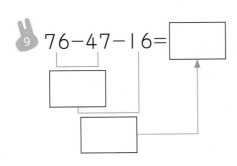

⑩ 84−58−19= □

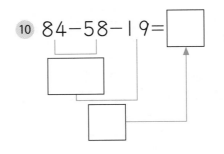

계산해 보세요.

① 60-16-27

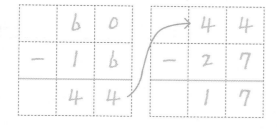

② 70-17-34

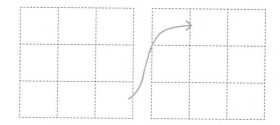

③ 66-18-19

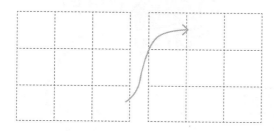

④ 52-25-16

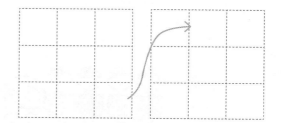

⑤ 71-25-27

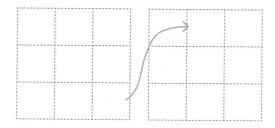

⑥ 92-29-35

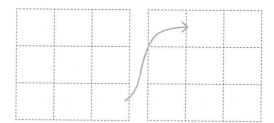

⑦ 83-16-49

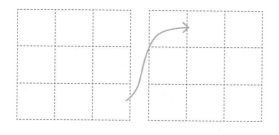

⑧ 62-27-29

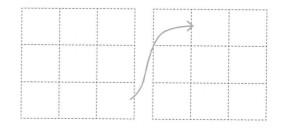

문제를 해결해 보세요.

1. 귤 32개 중에서 어제 16개, 오늘 7개를 먹었습니다.
   어제와 오늘 먹고 남은 귤은 모두 몇 개인가요?

   식_____    답_____개

2. 코끼리열차에 어린이 75명이 타고 있었습니다.
   미술관에서 29명, 동물원에서 37명이 내렸습니다. 물음에 답하세요.

   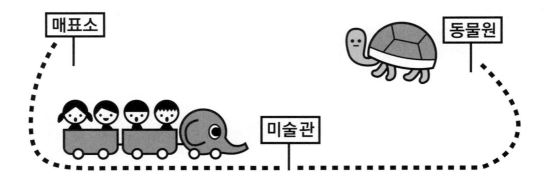

   (1) 미술관에서 어린이들이 내리고 코끼리열차에 남은 어린이는
   모두 몇 명인가요?

   식_____    답_____명

   (2) 동물원에서 어린이들이 내리고 코끼리 열차에 남은 어린이는
   모두 몇 명인가요?

   식_____    답_____명

## 개념 다시보기

 □ 안에 알맞은 수를 써넣으세요.

① $43-19-14=$ □

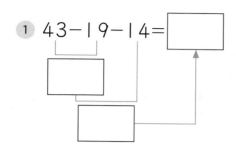

② $65-18-9=$ □

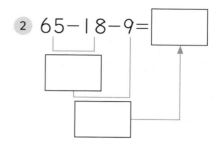

③ $63-25-27=$ □

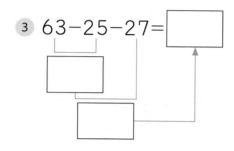

④ $85-47-19=$ □

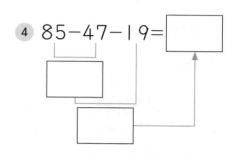

⑤ $93-16-59=$ □

```
  9 3
- 1 6
─────
          - 5 9
          ─────
```

⑥ $91-29-17=$ □

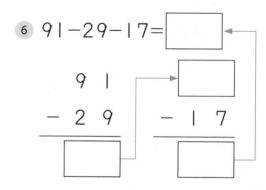

```
  9 1
- 2 9
─────
          - 1 7
          ─────
```

## 도전해 보세요

① 계산 결과를 비교하여 ◯ 안에 >, =, <를 알맞게 써넣으세요.

$51-24-19$ ◯ $10$

② 빈 곳에 알맞은 수를 써넣으세요.

□ $-$ $19$ $-$ $35$ $=$ $23$

# 세 수의 덧셈과 뺄셈

개념연결

| 2-1덧셈과 뺄셈 | 2-1덧셈과 뺄셈 | 세 수의 덧셈과 뺄셈 | 3-1덧셈과 뺄셈 |
|---|---|---|---|
| 세 수의 덧셈 | 세 수의 뺄셈 | | 세 자리 수끼리의 덧셈 |
| $12+14+16=\boxed{42}$ | $21-6-7=\boxed{8}$ | $35-19+15=\boxed{31}$ | $242+154=\boxed{396}$ |

**배운 것을 기억해 볼까요?**

1  $24+37+18=$

2  $45-9-15=$

3  $36+17+43=$

4  $62-25-29=$

## 세 수의 덧셈과 뺄셈을 할 수 있어요.

**30초 개념**

덧셈과 뺄셈이 섞여 있는 세 수의 계산은
앞에서부터 두 수씩 차례대로 계산해요.

**20-16+8의 계산**

$$20-16+8=12$$

$$
\begin{array}{r}
2\ 0 \\
-\ 1\ 6 \\
\hline
4
\end{array}
\qquad
\begin{array}{r}
4 \\
+\ 8 \\
\hline
1\ 2
\end{array}
$$

**이런 방법도 있어요!**

앞에서부터 두 수씩 차례대로 계산해요.

$$30-16+8=22$$
14
22

**맞는 계산**

$$30-16+8=6$$
24
6

**틀린 계산**

## 개념 익히기

✏️ ◻ 안에 알맞은 수를 써넣으세요.

① $12+13-14=$ ◻11◻

25

11

앞에서부터 두 수씩
차례대로 계산해요.

② $23-12+9=$ ◻◻

③ $30+7-14=$ ◻◻

④ $13+27-16=$ ◻◻

⑤ $24+29-34=$ ◻◻

⑥ $33-25+18=$ ◻◻

⑦ $36-16+22=$ ◻◻

⑧ $43-19+36=$ ◻◻

☐ 안에 알맞은 수를 써넣으세요.

1. $17+19-13=$ ☐

2. $21+39-11=$ ☐

3. $32-22+44=$ ☐

4. $43-29+19=$ ☐

5. $52-16-21=$ ☐

6. $64-26+78=$ ☐

7. $75-24+62=$ ☐

8. $85+12-76=$ ☐

✏️ 계산해 보세요.

**1** 17+25-9

|   | 1 | 7 |   | → | 4 | 2 |
|---|---|---|---|---|---|---|
| + | 2 | 5 |   | − |   | 9 |
|   | 4 | 2 |   |   | 3 | 3 |

**2** 25-17+28

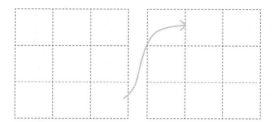

**3** 34-18+15

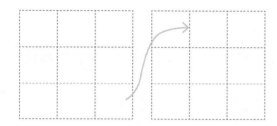

**4** 43+38-13

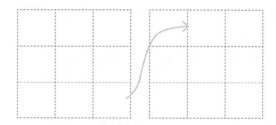

**5** 53-27+15

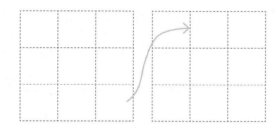

**6** 66-59+26

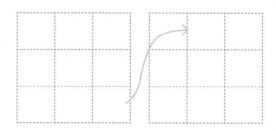

**7** 74+17-33

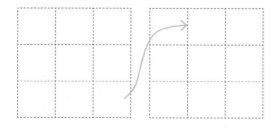

**8** 90-39+26

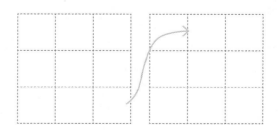

✏️ 문제를 해결해 보세요.

1 빈 곳에 알맞은 수를 써 보세요.

(1)

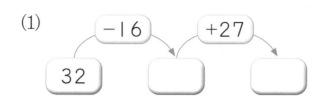

32　　−16 →　　□　　+27 →　　□

(2) 59+24−36 = □

$$
\begin{array}{r}
5\ 9 \\
+\ 2\ 4 \\
\hline
\ \ \square
\end{array}
\qquad
\begin{array}{r}
\square \\
-\ 3\ 6 \\
\hline
\ \ \square
\end{array}
$$

2 효나와 수린이가 전체 92쪽인 동화책을 어제와 오늘 읽었습니다. 물음에 답하세요.

|  | 어제 | 오늘 |
|---|---|---|
| 효나 | 25쪽 | 47쪽 |
| 수린 | 38쪽 |  |

(1) 수린이가 오늘 읽은 동화책 쪽수는 효나가 어제와 오늘 읽은 쪽수를
더한 것보다 37쪽 적습니다. 수린이는 오늘 동화책을 몇 쪽 읽었나요?

식_____　　답_____쪽

(2) 수린이가 어제와 오늘 동화책을 읽고 남은 쪽수는 몇 쪽인가요?

식_____　　답_____쪽

## 개념 다시보기

 □ 안에 알맞은 수를 써넣고 계산해 보세요.

1   27+26−24=
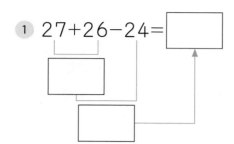

2   62+19−45
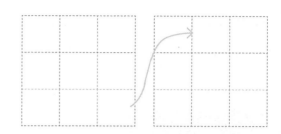

3   33−19+25=
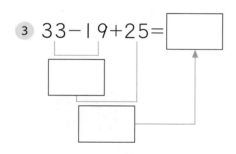

4   77−18+46
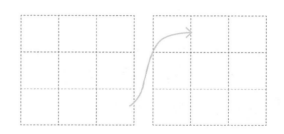

5   47+27−36=
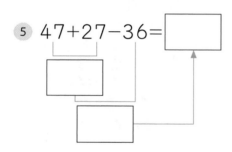

6   91−33+27
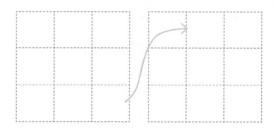

## 도전해 보세요

1   수 카드를 한 번씩만 사용하여 식을 완성해 보세요.

65    33    55

□ + □ − □ =87

2   ○ 안에 +, −를 알맞게 써넣으세요.

42 ○ 32 ○ 60=14

## 개념연결

| 1-1덧셈과 뺄셈 | 1-2덧셈과 뺄셈(1) |  묶어 세기 | 2-1곱셈 |
|---|---|---|---|
| 9 이하의 덧셈 | 세 수의 덧셈 | 5씩 3묶음 ➡ 15 | 몇의 몇 배 |
| 2+3=5 | 2+3+4=9 | | 5의 3배 ➡ 15 |

## 배운 것을 기억해 볼까요?

1  5+5=

2  5+5+5=

3  6+□+6=18

4  4+4+4+4+4=

## 묶어서 셀 수 있어요.

**30초 개념**  물건을 셀 때 몇씩 몇 묶음으로 묶어 세기를 할 수 있어요.

### 5씩 묶어 세기

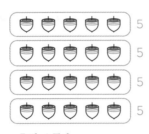

5씩 4묶음
➡ 5-10-15-20

### 4씩 묶어 세기

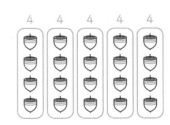

4씩 5묶음
➡ 4-8-12-16-20

## 이런 방법도 있어요!

2씩, 10씩도 묶을 수 있어요.

2씩 10묶음
➡ 2-4-6-8-10-12-14-16-18-20

10씩 2묶음
➡ 10-20

그림을 보고 ▢ 안에 알맞은 수를 써넣으세요.

1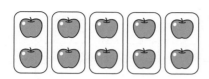
2씩 ▢ 묶음
 2 ─ 4 ─ 6 ─ 8 ─ 10

2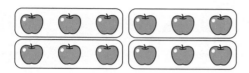
3씩 ▢ 묶음
 ▢ ─ ▢ ─ ▢ ─ ▢

3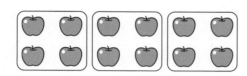
4씩 ▢ 묶음
 ▢ ─ ▢ ─ ▢

4
6씩 ▢ 묶음
 ▢ ─ ▢

5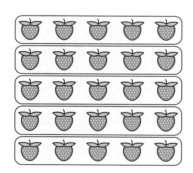
5씩 ▢ 묶음
 ▢ ─ ▢ ─ ▢ ─ ▢ ─ ▢

6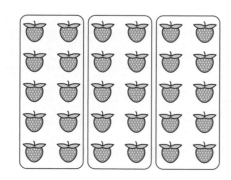
10씩 ▢ 묶음
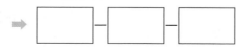 ▢ ─ ▢ ─ ▢

주어진 수만큼 묶어 보고 ☐ 안에 알맞은 수를 써넣으세요.

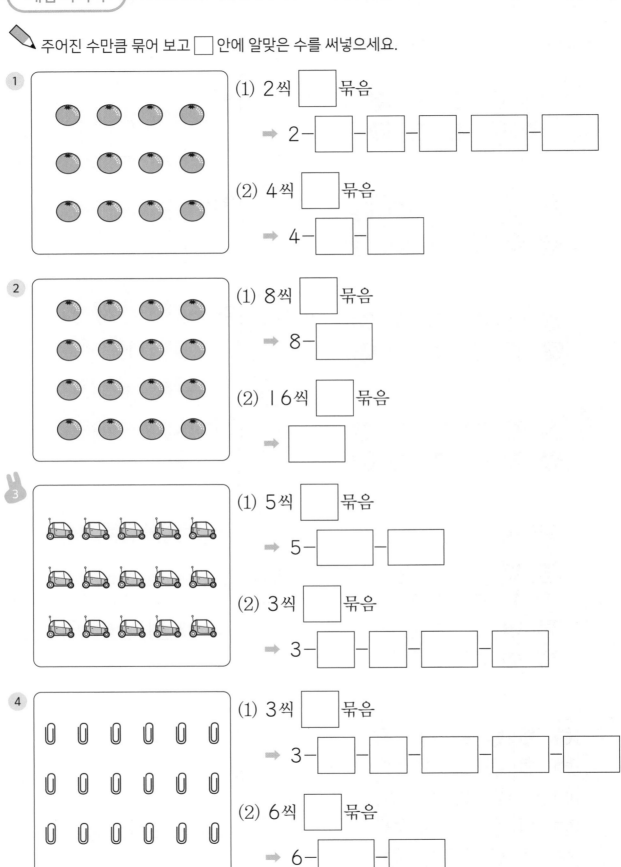

① (1) 2씩 ☐ 묶음

➡ 2 — ☐ — ☐ — ☐ — ☐ — ☐

(2) 4씩 ☐ 묶음

➡ 4 — ☐ — ☐

② (1) 8씩 ☐ 묶음

➡ 8 — ☐

(2) 16씩 ☐ 묶음

➡ ☐

③ (1) 5씩 ☐ 묶음

➡ 5 — ☐ — ☐

(2) 3씩 ☐ 묶음

➡ 3 — ☐ — ☐ — ☐ — ☐

④ (1) 3씩 ☐ 묶음

➡ 3 — ☐ — ☐ — ☐ — ☐ — ☐

(2) 6씩 ☐ 묶음

➡ 6 — ☐ — ☐

주어진 수만큼 묶어 보고 ☐ 안에 알맞은 수를 써넣으세요.

①

5씩 ☐ 묶음 ➡ ☐ 개

②

2씩 ☐ 묶음 ➡ ☐ 개

③

2씩 ☐ 묶음 ➡ ☐ 자루

④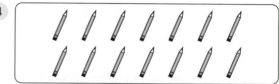

7씩 ☐ 묶음 ➡ ☐ 자루

⑤

4씩 ☐ 묶음 ➡ ☐ 자루

⑥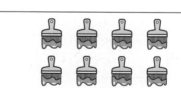

2씩 ☐ 묶음 ➡ ☐ 자루

⑦

4씩 ☐ 묶음 ➡ ☐ 개

⑧

6씩 ☐ 묶음 ➡ ☐ 개

개념 키우기

 문제를 해결해 보세요.

1 공깃돌이 모두 몇 개인지 묶어 세어 보세요.

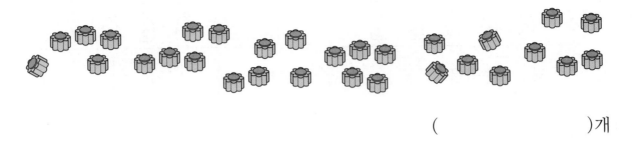

(           )개

2 의자가 모두 몇 개인지 묶어 세어 보세요.

(1) 2씩 ☐ 묶음입니다.      (2) 4씩 ☐ 묶음입니다.

(3) 8씩 ☐ 묶음입니다.

(4) 의자는 모두 몇 개인가요?

**답**_____개

## 개념 다시보기

✏ 그림을 보고 ☐ 안에 알맞은 수를 써넣으세요.

①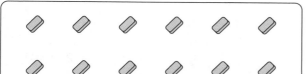

2씩 ☐ 묶음 ➡ ☐ 개

4씩 ☐ 묶음 ➡ ☐ 개

②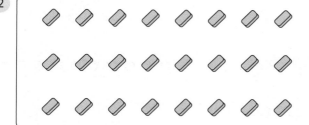

3씩 ☐ 묶음 ➡ ☐ 개

8씩 ☐ 묶음 ➡ ☐ 개

③ 

4씩 ☐ 묶음 ➡ ☐ 개

5씩 ☐ 묶음 ➡ ☐ 개

### 도전해 보세요

① 바르게 센 것을 찾아 ◯표 하세요.

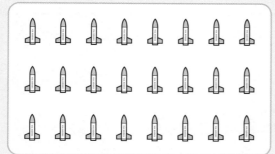

2씩 6묶음, 3씩 8묶음, 4씩 6묶음,
5씩 5묶음, 6씩 5묶음, 7씩 2묶음,
8씩 3묶음, 9씩 4묶음, 12씩 2묶음

② 연필이 7씩 4묶음 있습니다.
연필은 모두 몇 자루인가요?

( 　　　　　　　 )자루

**개념연결**

| 1-2덧셈과 뺄셈(1) | 2-1곱셈 | 몇의 몇 배 | 2-1곱셈 |
|---|---|---|---|
| 세 수의 덧셈 | 묶어 세기 | | 곱셈식 |
| 2+3+4=9 | 5씩 3묶음 ➡ 15 | 5의 3배 ➡ 15 | 5×3=15 |

**배운 것을 기억해 볼까요?**

1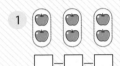

2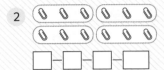

3

## 몇의 몇 배를 알 수 있어요.

**30초 개념** ▶ 묶음의 수를 세어 몇의 몇 배로 나타낼 수 있어요.

**9는 3의 몇 배인지 알아보기**

 3 ➡ 3씩 1묶음 ➡ 3의 1배

 6 ➡ 3씩 2묶음 ➡ 3의 2배

  9 ➡ 3씩 3묶음 ➡ 3의 3배

9는 3씩 3묶음이므로 3의 3배입니다.

**이런 방법도 있어요!**

뛰어 세기로 알 수 있어요.

3씩 3번 뛰어 세면 9이므로 9는 3의 3배입니다.

### 개념 익히기

 □ 안에 알맞은 수를 써넣으세요.

**1**

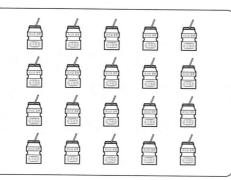

5의 ❲4❳ 배는 ❲20❳ 입니다.

**2**

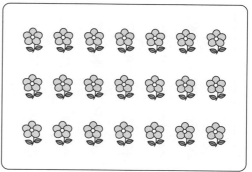

7의 ☐ 배는 ☐ 입니다.

**3**

5의 ☐ 배는 ☐ 입니다.

**4**

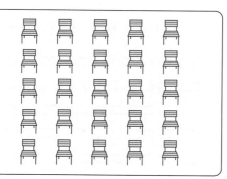

9의 ☐ 배는 ☐ 입니다.

**5**

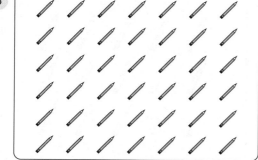

7의 ☐ 배는 ☐ 입니다.

**6**

8의 ☐ 배는 ☐ 입니다.

✏️ ☐ 안에 알맞은 수를 써넣으세요.

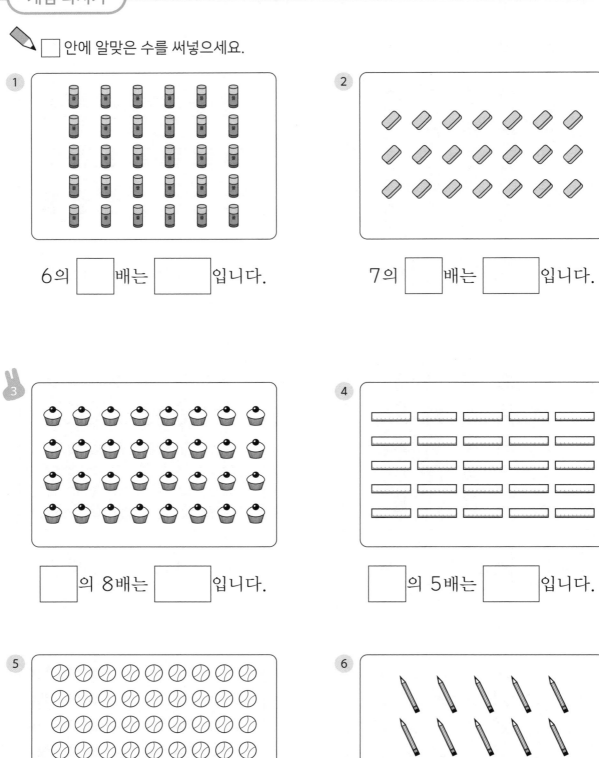

① 6의 ☐ 배는 ☐ 입니다.

② 7의 ☐ 배는 ☐ 입니다.

③ ☐ 의 8배는 ☐ 입니다.

④ ☐ 의 5배는 ☐ 입니다.

⑤ 9의 ☐ 배는 ☐ 입니다.

⑥ ☐ 의 5배는 ☐ 입니다.

알맞게 몇 개씩 묶어 보고, ☐ 안에 알맞은 수를 써넣으세요.

**1**

┌ 6씩 ☐ 묶음은 ☐ 입니다.
└ 6의 ☐ 배는 ☐ 입니다.

**2**

┌ ☐ 씩 7묶음은 ☐ 입니다.
└ ☐ 의 7배는 ☐ 입니다.

**3**

┌ 7씩 ☐ 묶음은 ☐ 입니다.
└ 7의 ☐ 배는 ☐ 입니다.

**4**

┌ ☐ 씩 5묶음은 ☐ 입니다.
└ ☐ 의 5배는 ☐ 입니다.

**5**

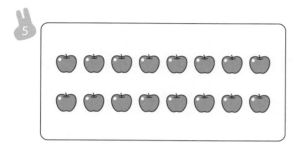

┌ 8씩 ☐ 묶음은 ☐ 입니다.
└ 8의 ☐ 배는 ☐ 입니다.

**6**

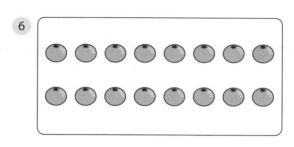

┌ ☐ 씩 8묶음은 ☐ 입니다.
└ ☐ 의 8배는 ☐ 입니다.

개념 키우기

 문제를 해결해 보세요.

1  의 3배가 되는 수만큼 ●를 그려 보세요.

2 지우개는 3 cm, 긴 연필은 18 cm, 짧은 연필은 6 cm입니다.
그림을 보고 물음에 답하세요.

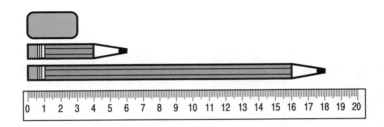

(1) 긴 연필의 길이는 짧은 연필 길이의 몇 배인가요?

(          )배

(2) 긴 연필의 길이는 지우개 길이의 몇 배인가요?

(          )배

(3) 짧은 연필의 길이는 지우개 길이의 몇 배인가요?

(          )배

개념 다시보기

✏️ ☐ 안에 알맞은 수를 써넣으세요.

①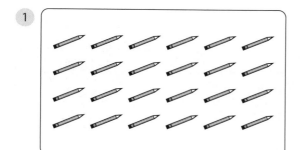

6의 ☐ 배는 ☐ 입니다.

②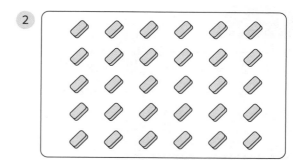

5의 ☐ 배는 ☐ 입니다.

③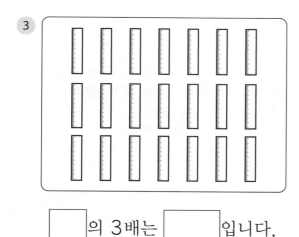

☐ 의 3배는 ☐ 입니다.

④

☐ 의 5배는 ☐ 입니다.

도전해 보세요

① 세인이는 사탕을 6개 가지고 있고, 효나는 세인이가 가진 사탕 수의 3배를 가지고 있습니다. 효나는 사탕을 몇 개 가지고 있나요?

(          )개

② 윤수가 가진 블록 수는 지훈이가 가진 블록 수의 몇 배인가요?

(          )배

**개념연결**

| 2-1곱셈 | 2-1곱셈 |  | 2-1곱셈 |
|---|---|---|---|
| 묶어 세기 | 몇의 몇 배 | 곱셈식 1 | 곱셈식 2 |
| 5씩 3묶음 ➡ 15 | 5의 3배 ➡ 15 | 5+5+5=5×3=15 | 5×3=15 |

**배운 것을 기억해 볼까요?**

1

4의 ▢배

2

2의 ▢배

3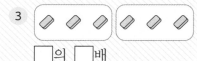

▢의 ▢배

4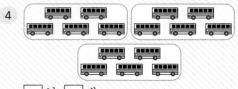

▢의 ▢배

## 곱셈식을 알 수 있어요.

**30초 개념** ▶ 몇의 몇 배는 곱셈 기호 '×'를 사용하여
곱셈식으로 나타낼 수 있어요.

사과가 3개씩 4묶음이므로 12개입니다.

- 3의 4배를 3×4라 쓰고 3 곱하기 4라고 읽습니다.
- 3의 4배 ➡ 3+3+3+3=12 ➡ 3×4=12
- 3×4=12는 3 곱하기 4는 12와 같습니다라고 읽습니다.
- 3과 4의 곱은 12입니다.

## 개념 익히기

✏️ 그림을 보고 ☐ 안에 알맞은 수를 써넣으세요.

1

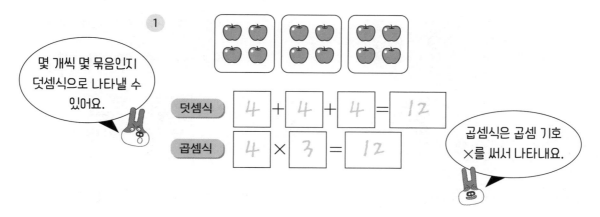

몇 개씩 몇 묶음인지 덧셈식으로 나타낼 수 있어요.

곱셈식은 곱셈 기호 ×를 써서 나타내요.

**덧셈식**　4 + 4 + 4 = 12

**곱셈식**　4 × 3 = 12

2

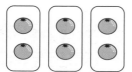

**덧셈식**　2+2+2=☐

**곱셈식**　☐ × ☐ = ☐

3

**덧셈식**　5+5+5+5=☐

**곱셈식**　☐ × ☐ = ☐

4

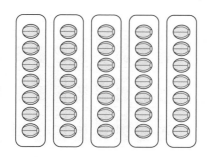

**덧셈식**　7+7+7+7+7=☐

**곱셈식**　☐ × ☐ = ☐

5

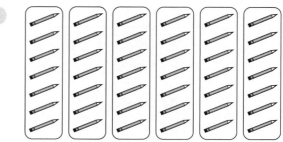

**덧셈식**　7+7+7+7+7+7=☐

**곱셈식**　☐ × ☐ = ☐

그림을 보고 ☐ 안에 알맞은 수를 써넣으세요.

1

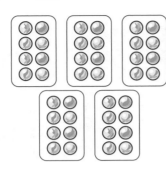

덧셈식  8+8+8+8+8=☐

곱셈식  ☐ × ☐ = ☐

2

덧셈식  5+5+5+5+5=☐

곱셈식  ☐ × ☐ = ☐

3

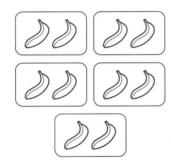

덧셈식  2+2+2+2+2=☐

곱셈식  ☐ × ☐ = ☐

4

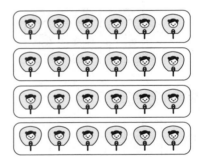

덧셈식  6+6+6+6=☐

곱셈식  ☐ × ☐ = ☐

5

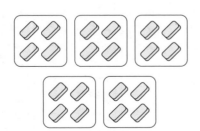

덧셈식  4+4+4+4+4=☐

곱셈식  ☐ × ☐ = ☐

6

덧셈식  9+9+9=☐

곱셈식  ☐ × ☐ = ☐

✏️ 그림을 보고 모두 얼마인지 덧셈식과 곱셈식으로 나타내세요.

1

덧셈식　4+4+4+4+4+4=24

곱셈식　4×6=24

2

덧셈식

곱셈식

3

덧셈식

곱셈식

4

덧셈식

곱셈식

5

덧셈식

곱셈식

6

덧셈식

곱셈식

개념 키우기

✏️ 문제를 해결해 보세요.

1️⃣ 파란색 구슬이 3개씩 2개의 주머니에 들어 있습니다. 노란색 구슬의 수가
파란색 구슬 수의 3배이면 노란색 구슬은 몇 개인가요?

식_____ 답_____개

2️⃣ 강준이가 친구 4명과 함께 가위바위보를 하고 있습니다.

(1) 5명 모두 보를 내면 펼쳐진 손가락은
모두 몇 개인가요?

식_____ 답_____개

(2) 5명 모두 가위를 내면 펼쳐진 손가락은
모두 몇 개인가요?

식_____ 답_____개

## 개념 다시보기

✏️ 빈 곳에 알맞은 수나 식을 써넣으세요.

1. 4씩 3번 뛰어 세기

➡️ 4씩 ☐ 묶음

➡️ 4의 ☐ 배

➡️ 4 × ☐ = ☐

2. 2씩 9번 뛰어 세기

➡️ 2씩 ☐ 묶음

➡️ 2의 ☐ 배

➡️ ☐ × ☐ = ☐

3. 3씩 5번 뛰어 세기

➡️ 3씩 ☐ 묶음

➡️ 3의 ☐ 배

➡️ ☐ × ☐ = ☐

4. 6씩 4번 뛰어 세기

➡️ 6씩 ☐ 묶음

➡️ 6의 ☐ 배

➡️ ☐ × ☐ = ☐

5. 8씩 5번 뛰어 세기

➡️ 8씩 ☐ 묶음

➡️ 8의 ☐ 배

➡️ _____

6. 7씩 6번 뛰어 세기

➡️ 7씩 ☐ 묶음

➡️ 7의 ☐ 배

➡️ _____

### 도전해 보세요

1. 마트에 과자가 한 줄에 3개씩 7줄 진열되어 있습니다. 진열된 과자는 모두 몇 개인가요?

( 　　　　　 )개

2. 사과 농장에서 수확한 사과를 한 상자에 9개씩 5상자에 넣었습니다. 사과는 모두 몇 개인가요?

( 　　　　　 )개

**개념연결**

| 2-1곱셈 | 2-1곱셈 |  | 2-2곱셈구구 |
|---|---|---|---|
| 몇의 몇 배 | 곱셈식 1 | 곱셈식 2 | 9단 곱셈 |
| 5의 3배 ➡ $\boxed{15}$ | 5+5+5=5×3=$\boxed{15}$ | 5×3=$\boxed{15}$ | 9×9=$\boxed{81}$ |

**배운 것을 기억해 볼까요?**

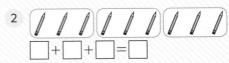

1   $\boxed{\phantom{0}}$+$\boxed{\phantom{0}}$=$\boxed{\phantom{0}}$
    $\boxed{\phantom{0}}$×$\boxed{\phantom{0}}$=$\boxed{\phantom{0}}$

2   $\boxed{\phantom{0}}$+$\boxed{\phantom{0}}$+$\boxed{\phantom{0}}$=$\boxed{\phantom{0}}$
    $\boxed{\phantom{0}}$×$\boxed{\phantom{0}}$=$\boxed{\phantom{0}}$

## 곱셈식으로 나타낼 수 있어요.

**30초 개념**  다양하게 묶어 세어 곱셈식으로 나타낼 수 있어요.

4개씩 6묶음 ➡ 4의 6배
**덧셈식** 4+4+4+4+4+4=24
**곱셈식** 4×6=24

6개씩 4묶음 ➡ 6의 4배
**덧셈식** 6+6+6+6=24
**곱셈식** 6×4=24

3개씩 8묶음 ➡ 3의 8배
**덧셈식** 3+3+3+3+3+3+3+3=24
**곱셈식** 3×8=24

8개씩 3묶음 ➡ 8의 3배
**덧셈식** 8+8+8=24
**곱셈식** 8×3=24

**이런 방법도 있어요!**

**다양한 곱셈식의 표현**

■×▲ ┌ ■씩 ▲묶음
      ├ ■의 ▲배
      ├ ■와 ▲의 곱
      └ ■ 곱하기 ▲

그림을 보고 ☐ 안에 알맞은 수를 써넣으세요.

**1**

묶어 세기 한 것을 보고 곱셈식으로 나타내요.

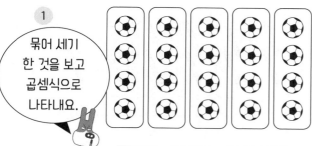

곱셈식   4 × 5 = 20

**2**

곱셈식   ☐ × ☐ = ☐

**3**

곱셈식   ☐ × ☐ = ☐

**4**

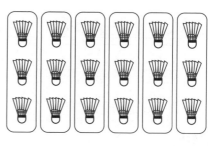

곱셈식   ☐ × ☐ = ☐

**5**

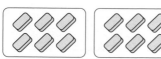

곱셈식   ☐ × ☐ = ☐

**6**

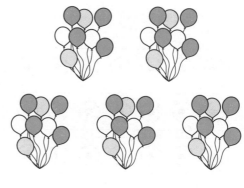

곱셈식   ☐ × ☐ = ☐

그림을 보고 □ 안에 알맞은 수를 써넣으세요.

**1**

곱셈식 □ × □ = □

**2**

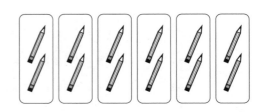

곱셈식 □ × □ = □

**3**

곱셈식 □ × □ = □

**4**

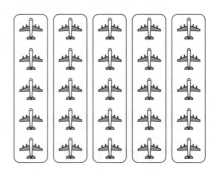
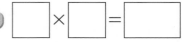

곱셈식 □ × □ = □

**5**

곱셈식 □ × □ = □

**6**

곱셈식  □ × □ = □

그림을 보고 곱셈식으로 나타내세요.

**1**

곱셈식 _____

**2**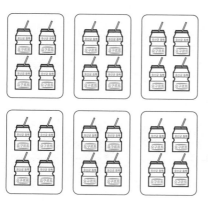

곱셈식 _____

**3**

곱셈식 _____

**4**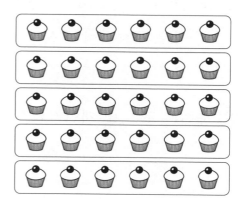

곱셈식 _____

**5**

곱셈식 _____

**6**

곱셈식 _____

개념 키우기

✏️ 문제를 해결해 보세요.

1 성냥개비를 사용하여 그림과 같은 도형을 4개 만들려고
합니다. 필요한 성냥개비는 모두 몇 개인가요?

식_____    답_____개

2 준수네 가족이 공원에 놀러 갔습니다. 그림을 보고 물음에 답하세요.

(1) 세발자전거의 바퀴는 모두 몇 개인가요?

식_____    답_____개

(2) 오리의 다리는 모두 몇 개인가요?

식_____    답_____개

(3) 풍선은 모두 몇 개인가요?

식_____    답_____개

## 개념 다시보기

✎ 그림을 보고 곱셈식으로 나타내세요.

1

곱셈식 _____

2

곱셈식 _____

3

곱셈식 _____

4

곱셈식 _____

## 도전해 보세요

1 새로 산 크레파스 위에 필통이 올려져 있습니다. 크레파스는 모두 몇 개인가요?(단, 크레파스는 사용하지 않았습니다.)

( 　　　　　　　 )개

2 곱셈식의 결과가 24가 되는 이웃하는 두 수를 모두 찾아 ⬭로 묶어 보세요.

| 2 | 4 | 6 | 8 |
|---|---|---|---|
| 9 | 3 | 2 | 3 |
| 6 | 8 | 5 | 7 |
| 4 | 1 | 8 | 3 |

# 1~6학년 연산 개념연결 지도

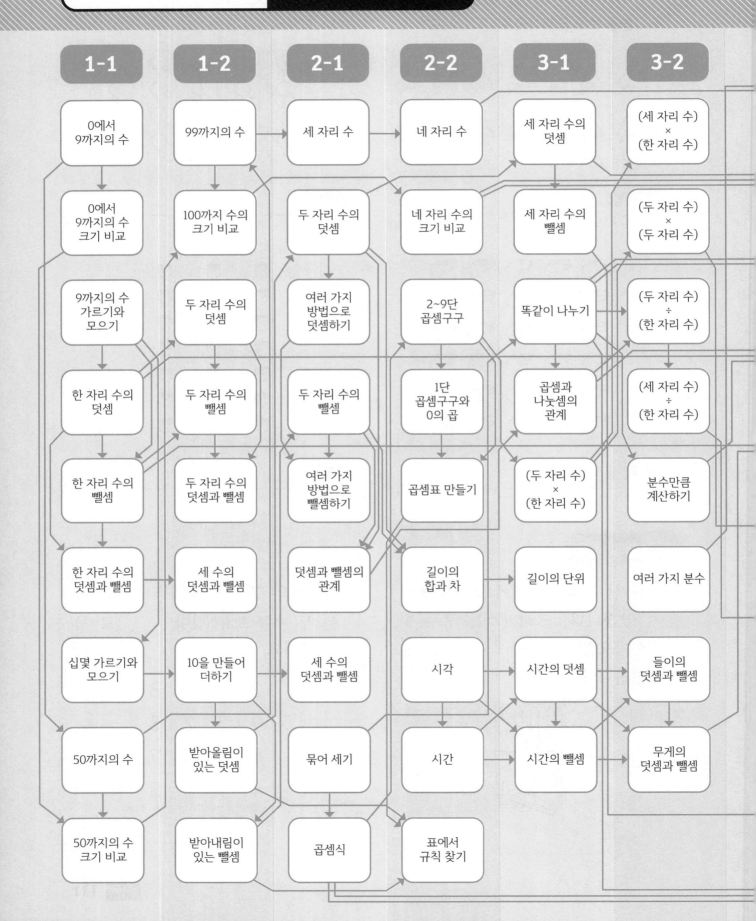

| 1-1 | 1-2 | 2-1 | 2-2 | 3-1 | 3-2 |
|---|---|---|---|---|---|
| 0에서 9까지의 수 | 99까지의 수 | 세 자리 수 | 네 자리 수 | 세 자리 수의 덧셈 | (세 자리 수) × (한 자리 수) |
| 0에서 9까지의 수 크기 비교 | 100까지 수의 크기 비교 | 두 자리 수의 덧셈 | 네 자리 수의 크기 비교 | 세 자리 수의 뺄셈 | (두 자리 수) × (두 자리 수) |
| 9까지의 수 가르기와 모으기 | 두 자리 수의 덧셈 | 여러 가지 방법으로 덧셈하기 | 2~9단 곱셈구구 | 똑같이 나누기 | (두 자리 수) ÷ (한 자리 수) |
| 한 자리 수의 덧셈 | 두 자리 수의 뺄셈 | 두 자리 수의 뺄셈 | 1단 곱셈구구와 0의 곱 | 곱셈과 나눗셈의 관계 | (세 자리 수) ÷ (한 자리 수) |
| 한 자리 수의 뺄셈 | 두 자리 수의 덧셈과 뺄셈 | 여러 가지 방법으로 뺄셈하기 | 곱셈표 만들기 | (두 자리 수) × (한 자리 수) | 분수만큼 계산하기 |
| 한 자리 수의 덧셈과 뺄셈 | 세 수의 덧셈과 뺄셈 | 덧셈과 뺄셈의 관계 | 길이의 합과 차 | 길이의 단위 | 여러 가지 분수 |
| 십몇 가르기와 모으기 | 10을 만들어 더하기 | 세 수의 덧셈과 뺄셈 | 시각 | 시간의 덧셈 | 들이의 덧셈과 뺄셈 |
| 50까지의 수 | 받아올림이 있는 덧셈 | 묶어 세기 | 시간 | 시간의 뺄셈 | 무게의 덧셈과 뺄셈 |
| 50까지의 수 크기 비교 | 받아내림이 있는 뺄셈 | 곱셈식 | 표에서 규칙 찾기 | | |

| 4-1 | 4-2 | 5-1 | 5-2 | 6-1 | 6-2 |
|---|---|---|---|---|---|
| 큰 수 | 여러 가지 분수 | 자연수의 혼합 계산 | 수의 범위 | (자연수)÷ (자연수)의 몫을 분수로 나타내기 | 분수의 나눗셈의 계산 원리 |
| 뛰어 세기 | 분모가 같은 분수의 덧셈 | 약수와 배수 | 올림과 버림 | (분수) ÷ (자연수) | 분수의 나눗셈을 곱셈으로 바꾸기 |
| 큰 수의 크기 비교 | 분모가 같은 분수의 뺄셈 | 최대공약수와 최소공배수 | (자연수) × (분수) | (소수) ÷ (자연수) | 소수의 나눗셈의 계산 원리 |
| 각도의 합과 차 | 소수 두 자리 수와 소수 세 자리 수 | 크기가 같은 분수 만들기 | (분수) × (분수) | (자연수)÷ (자연수)의 몫을 소수로 나타내기 | 소수의 나눗셈의 몫 반올림하기 |
| 삼각형과 사각형의 각의 크기의 합 | 소수의 크기 비교 | 분수와 소수의 크기 비교 | 세 분수의 곱셈 | 몫을 어림하기 | 비와 그 성질 |
| (세 자리 수) × (두 자리 수) | 소수 사이의 관계 | 분모가 다른 진분수의 덧셈 | 분수의 곱셈과 1 만들기 | 비율과 백분율 | 비례식의 성질 |
| 두 자리 수로 나누기 | 소수의 덧셈 | 분모가 다른 대분수의 덧셈 | (자연수) × (소수) | 직육면체와 정육면체의 부피 | 비례배분 |
| (세 자리 수) ÷ (두 자리 수) | 소수의 뺄셈 | 분모가 다른 진분수의 뺄셈 | (소수) × (소수) | 직육면체와 정육면체의 겉넓이 | 원주율 |
| | | 분모가 다른 대분수의 뺄셈 | 평균 | | 원의 넓이 |

초등
2학년

3권

# 개념연결

# 연산의 발견

정답과 풀이

선생님 놀이
해설

우리 친구의 설명이
해설과 조금 달라도 괜찮아.
개념을 이해하고 설명했다면
통과!

**배운 것을 기억해 볼까요?**　　012쪽

1.
| 10 | 30 | (40) | 90 |
|---|---|---|---|
| (사십) | 오십 | 팔십 | 구십 |
| 스물 | (마흔) | 일흔 | 여든 |

2.
| 40 | 50 | (60) | 70 |
|---|---|---|---|
| 이십 | (육십) | 칠십 | 구십 |
| 서른 | 쉰 | (예순) | 여든 |

**개념 익히기**　　013쪽

1. 246, 이백사십육
2. 509, 오백구
3. 170, 백칠십
4. (위에서부터) 3, 9, 4; 300, 90, 4
5. (위에서부터) 4, 7, 2; 400, 70, 2

**개념 다지기**　　014쪽

1. 83, 팔십삼
2. 502, 오백이
3. 333, 삼백삼십삼
4. 646, 육백사십육
5. (위에서부터) 7, 6, 0; 700, 60, 0
6. (위에서부터) 3, 0, 0; 300, 0, 0

**선생님놀이**

2. 백 모형은 5개, 십 모형은 0개, 일 모형은 2개예요. '502'라고 쓰고 '오백이'라고 읽어요.

**개념 다지기**　　015쪽

1. 213, 이백십삼
3. 402, 사백이
3. 168, 백육십팔
4. 724, 칠백이십사
5. (위에서부터) 3, 0, 9; 300, 0, 9
6. (위에서부터) 0, 5, 8; 0, 50, 8

**선생님놀이**

5. 309는 100이 3, 10이 0, 1이 9이므로 300+0+9
예요.

**개념 키우기**　　016쪽

1. 식: 400+20+6=426　　답: 426
2. (1) 식: 800+40+2=842　　답: 842
　 (2) 식: 500+70+4=574　　답: 574
　 (3) 식: 700+70+6=776　　답: 776

1. 꽃은 100이 4, 10이 2, 1이 6이므로 400+20+6
=426(송이)예요.
2. (1) 100이 8, 10이 4, 1이 2이므로 기준이는 800+
40+2=842(원)을 모았어요.
　 (2) 100이 5, 10이 7, 1이 4이므로 한수는 500+70+
4=574(원)을 모았어요.
　 (3) 100이 7, 10이 7, 1이 6이므로 서윤이는 700+
70+6=776(원)을 모았어요.

**개념 다시보기**　　017쪽

1. 6, 3, 4; 634, 육백삼십사
2. 3, 0, 7; 307, 삼백칠
3. 2, 6, 7; 267, 이백육십칠
4. (위에서부터) 5, 2, 7; 500, 20, 7

**도전해 보세요**　　017쪽

1. 0 3 4 6 (8) (9)　　2. (1) 329　(2) <

1. 7□4는 777보다 큰 수예요. 백의 자리 수가 7로
같고, 일의 자리 수가 4<7이므로 십의 자리 수끼
리 비교해서 7보다 큰 수를 찾아야 해요. 7보다
큰 수는 8, 9예요.
2. (1) 오른쪽으로 갈수록 2씩 커지는 규칙이 있어요.
　 (2) 백의 자리 수가 6으로 같으므로 십의 자리 수
끼리 비교하면 631이 629보다 큰 수임을 알
수 있어요.

## 2단계 세 자리 수의 순서와 크기 비교

### 배운 것을 기억해 볼까요?    018쪽

1. 25
2. 88, 89, 90
3. 45, 30

### 개념 익히기    019쪽

1. 122
2. 260
3. 338
4. 483
5. 661
6. 759
7. 625
8. 800
9. 5, 5, 6; <
10. (위에서부터) 7, 8, 3, 8, 1, 2; <
11. (위에서부터) 9, 1, 5, 9, 1, 3; >

### 개념 다지기    020쪽

1. 139
2. 204
3. 567
4. 824
5. 242
6. 389
7. 270, 274, 278, 280
8. 470, 464, 458, 455
9. >
10. <
11. >
12. <
13. <
14. <

**선생님놀이**

7. 오른쪽으로 갈수록 2씩 커지는 규칙이 있어요. 2씩 뛰어 세기 하면 268−270−272−274−276−278−280이에요.

12. 백의 자리 수와 십의 자리 수가 7과 5로 각각 같으므로 일의 자리 수끼리 비교해요. 4<6이므로 754<756이에요.

### 개념 다지기    021쪽

1. 146, 150, 180
2. 189, 217, 221
3. 100, 347, 598
4. 666, 777, 888
5. 119, 411, 919
6. 257, 261, 263
7. 271, 278, 283, 289
8. 444, 448, 453, 463
9. 567, 648, 676, 765
10. 893, 895, 939, 953
11. 701, 703, 798, 801
12. 367, 376, 673, 763

**선생님놀이**

5. 백의 자리 수부터 비교해요. 1이 가장 작고, 4<9이므로 119가 가장 작고, 다음은 411, 가장 큰 수는 919예요.

10. 백의 자리 수부터 비교해요. 9>8이므로 893과 895, 953과 939를 각각 비교해요. 893과 895의 일의 자리 수끼리 비교하면 3<5이므로 893<895예요. 953과 939의 십의 자리 수끼리 비교하면 5>3이므로 953>939예요. 따라서 893이 가장 작고 다음은 895, 다음은 939, 가장 큰 수는 953이에요.

### 개념 키우기    022쪽

1. 서희네
2. (1) <    (2) 낮다에 ○표

1. 백의 자리 수부터 두 수를 비교해요. 2<3이므로 서희네 모둠이 줄넘기를 더 많이 했어요.
2. (1) 백의 자리 수부터 두 수를 비교해요. 6<8이므로 828 m가 더 높아요.
   (2) 상하이 타워(128층)는 632 m, 부르즈 칼리파(163층)는 828 m예요. 632<828이므로 상하이 타워는 부르즈 칼리파보다 낮습니다.

### 개념 다시보기    023쪽

1. 250, 270; 20
2. 665, 765; 50
3. >
4. >
5. >; 큽니다
6. >; 작습니다

### 도전해 보세요    023쪽

1. 753; 305
2. 767

**❶** 수 카드를 큰 순서대로 놓으면 7>5>3>0이에요. 큰 순서대로 백의 자리부터 수 카드를 놓아 가장 큰 수를 만들 수 있어요. 가장 큰 수는 753입니다. 작은 순서대로 백의 자리 수부터 수 카드를 놓아 가장 작은 수를 만들 수 있어요. 이때, 0은 백의 자리에 올 수 없으므로 만들 수 있는 가장 작은 수는 305예요.

**❷** 어떤 수는 742보다 크고 769보다 작은 수이므로 백의 자리 수는 7이에요. 백의 자리 숫자와 일의 자리 숫자가 같다고 하였으므로 일의 자리 수는 7이에요. 십의 자리 숫자와 일의 자리 숫자의 합이 13이라고 했으므로 십의 자리 숫자는 6입니다. 따라서 767이에요.

---

**3단계** (두 자리 수)+(한 자리 수)

**배운 것을 기억해 볼까요?**     **024쪽**

❶ 16     ❷ 13     ❸ 19

**개념 익히기**     **025쪽**

❶ (위에서부터) 1; 21
❷ (위에서부터) 1; 31
❸ (위에서부터) 1; 40
❹ (위에서부터) 1; 63
❺ (위에서부터) 1; 83
❻ (위에서부터) 1; 61
❼ (위에서부터) 1; 34
❽ (위에서부터) 1; 45
❾ (위에서부터) 1; 92
❿ (위에서부터) 1; 51
⓫ (위에서부터) 1; 70

**개념 다지기**     **026쪽**

| | | |
|---|---|---|
| ❶ 63 | ❷ 43 | ❸ 50 |
| ❹ 38 | ❺ 73 | ❻ 31 |
| ❼ 51 | ❽ 97 | ❾ 99 |
| ❿ 71 | ⓫ 24 | ⓬ 32 |
| ⓭ 44 | ⓮ 63 | ⓯ 71 |

**6** 먼저 일의 자리 수끼리 더해요. 2+9=11이에요. 십의 자리로 1을 받아올림한 다음, 십의 자리 수 2와 더하면 1+2=3이에요. 답은 31이에요.

**11** 먼저 일의 자리 수끼리 더해요. 6+8=14예요. 십의 자리로 1을 받아올림한 다음, 십의 자리 수 1과 더하면 1+1=2예요. 답은 24예요.

---

**개념 다지기**     **027쪽**

| ❶ 26 + 5 = 31 | ❷ 42 + 9 = 51 | ❸ 38 + 3 = 41 |
|---|---|---|
| ❹ 57 + 6 = 63 | ❺ 68 + 7 = 75 | ❻ 45 + 6 = 51 |
| ❼ 36 + 4 = 40 | ❽ 19 + 7 = 26 | ❾ 39 + 4 = 43 |
| ❿ 27 + 5 = 32 | ⓫ 75 + 8 = 83 | ⓬ 86 + 8 = 94 |

**7** 십의 자리 수와 일의 자리 수를 똑같은 자리에 맞춰 쓴 다음 먼저 일의 자리 수끼리 더해요. 6+4=10이에요. 십의 자리로 1을 받아올림한 다음, 십의 자리 수 3과 더하면 1+3=4예요. 답은 40이에요.

**12** 십의 자리 수와 일의 자리 수를 똑같은 자리에 맞춰 쓴 다음 먼저 일의 자리 수끼리 더해요. 6+8=14예요. 십의 자리로 1을 받아올림한 다음, 십의 자리 수 8과 더하면 1+8=9예요. 답은 94예요.

개념 키우기 **028쪽**

**1** 민지: 33    나래: 42
**2** (1) 27, 8 또는 8, 27
    (2) 33, 9 또는 9, 33

> **1** 민지의 계산기에 나타난 덧셈식 29+4를 일의 자리 수끼리 더하면 9+4=13입니다. 십의 자리로 1을 받아올림한 다음, 십의 자리 수 2와 더하면 1+2=3이므로 33입니다. 나래의 계산기에 나타난 덧셈식 7+35를 일의 자리 수끼리 더하면 7+5=12 입니다. 십의 자리로 1을 받아올림한 다음, 십의 자리 수 3과 더하면 1+3=4이므로 42입니다.
> **2** (1) 형돈이가 맞힌 두 수의 합이 35이므로 먼저 35보다 큰 수인 45는 제외해요. 남은 수들 중에서 일의 자리 수끼리 더해 5가 나오는 두 수를 찾아요. 7+8=15, 6+9=15예요. 27+8=35, 16+9=25이므로 형돈이가 맞힌 두 수는 27과 8입니다.
> (2) 재민이가 맞힌 두 수의 합이 42이므로 먼저 42보다 큰 수인 45는 제외해요. 남은 수들 중에서 일의 자리 수끼리 더해 2가 나오는 두 수를 찾아요. 3+9=12예요. 33+9=42이므로 재민이가 맞힌 두 수는 33과 9입니다.

개념 다시보기 **029쪽**

**1** 71        **2** 24        **3** 43
**4** 82        **5** 46        **6** 33
**7** 35        **8** 53        **9** 91

도전해 보세요 **029쪽**

**1** 7                    **2** 43

> **1** 일의 자리 수끼리 더해 4가 되어야 하므로 7과 더해 4가 되는 수를 찾아요. 7+7=14이므로 가려진 수는 7입니다.
> **2** 일의 자리 수부터 더하면 5+8=13이에요. 십의 자리로 1을 받아올림한 다음, 십의 자리 수끼리 더해요. 1+2+1=4이므로 답은 43입니다.

---

**4단계** 일의 자리에서 받아올림이 있는
(두 자리 수)+(두 자리 수)

배운 것을 기억해 볼까요? **030쪽**

**1** 56        **2** 42        **3** 80

개념 익히기 **031쪽**

**1** (위에서부터) 1; 81
**2** (위에서부터) 1; 84
**3** (위에서부터) 1; 82
**4** (위에서부터) 1; 64
**5** (위에서부터) 1; 74
**6** (위에서부터) 1; 92
**7** (위에서부터) 1; 52
**8** (위에서부터) 1; 90
**9** (위에서부터) 1; 91
**10** (위에서부터) 1; 52
**11** (위에서부터) 1; 71

개념 다지기 **032쪽**

**1** 56        **2** 83        **3** 71
**4** 92        **5** 92        **6** 91
**7** 68        **8** 92        **9** 91
**10** 93       **11** 80       **12** 61
**13** 83       **14** 72       **15** 36

선생님놀이

**4**

$$\begin{array}{ccc} & & 1 \\ & 7 & 5 \\ + & 1 & 7 \\ \hline & 9 & 2 \end{array}$$

일의 자리 수끼리 더하면 5+7=12 예요. 십의 자리로 1을 받아올림한 다음, 십의 자리 수끼리 더하면 1+7+1=9이므로 답은 92예요.

**11**

$$\begin{array}{ccc} & & 1 \\ & 4 & 5 \\ + & 3 & 5 \\ \hline & 8 & 0 \end{array}$$

일의 자리 수끼리 더하면 5+5=10 이에요. 십의 자리로 1을 받아올림한 다음, 십의 자리 수끼리 더하면 1+4+3=8이므로 답은 80이에요.

① 
|   | 1 | 7 |
|---|---|---|
| + | 2 | 6 |
|   | 4 | 3 |

② 
|   | 3 | 5 |
|---|---|---|
| + | 3 | 9 |
|   | 7 | 4 |

③ 
|   | 2 | 5 |
|---|---|---|
| + | 4 | 6 |
|   | 7 | 1 |

④ 
|   | 5 | 4 |
|---|---|---|
| + | 2 | 9 |
|   | 8 | 3 |

❺ 
|   | 6 | 8 |
|---|---|---|
| + | 1 | 8 |
|   | 8 | 6 |

⑥ 
|   | 3 | 9 |
|---|---|---|
| + | 2 | 7 |
|   | 6 | 6 |

⑦ 
|   | 4 | 5 |
|---|---|---|
| + | 3 | 7 |
|   | 8 | 2 |

⑧ 
|   | 3 | 6 |
|---|---|---|
| + | 5 | 8 |
|   | 9 | 4 |

⑨ 
|   | 6 | 7 |
|---|---|---|
| + | 2 | 5 |
|   | 9 | 2 |

❿ 
|   | 3 | 8 |
|---|---|---|
| + | 2 | 3 |
|   | 6 | 1 |

⑪ 
|   | 7 | 3 |
|---|---|---|
| + | 1 | 9 |
|   | 9 | 2 |

⑫ 
|   | 4 | 7 |
|---|---|---|
| + | 3 | 4 |
|   | 8 | 1 |

**선생님놀이**

❺
|   | 1 |   |
|---|---|---|
|   | 6 | 8 |
| + | 1 | 8 |
|   | 8 | 6 |

십의 자리 수와 일의 자리 수를 똑같은 자리에 맞춰 쓴 다음 먼저 일의 자리 수끼리 더하면 8+8=16이에요. 십의 자리로 1을 받아올림한 다음, 십의 자리 수끼리 더하면 1+6+1=8이므로 답은 86이에요.

❿
|   | 1 |   |
|---|---|---|
|   | 3 | 8 |
| + | 2 | 3 |
|   | 6 | 1 |

십의 자리 수와 일의 자리 수를 똑같은 자리에 맞춰 쓴 다음 먼저 일의 자리 수끼리 더하면 8+3=11이에요. 십의 자리로 1을 받아올림한 다음, 십의 자리 수끼리 더하면 1+3+2=6이므로 답은 61이에요.

① 식: 29+13=42　　　답: 42
② (1) 식: 52+39=91　　답: 91
　 (2) 식: 67+25=92　　답: 92

① 딱지를 29개 가지고 있는데 13개를 더 접었으므로 식을 세우면 29+13이 돼요. 일의 자리 수부터 계산하면 9+3=12예요. 십의 자리로 1을 받아올림한 다음, 십의 자리 수끼리 더하면 1+2+1=4이므로 답은 42예요. 지만이가 가지고 있는 딱지는 모두 42개입니다.

② (1) 현지는 줄넘기를 어제 52번, 오늘 39번 넘었어요. 식을 세우면 52+39가 돼요. 일의 자리 수부터 계산하면 2+9=11이에요. 십의 자리로 1을 받아올림한 다음, 십의 자리 수끼리 더하면 1+5+3=9예요. 현지가 어제와 오늘 넘은 줄넘기 횟수는 모두 91번입니다.

　 (2) 슬기는 줄넘기를 어제 67번, 오늘 25번 넘었어요. 식을 세우면 67+25가 돼요. 일의 자리 수부터 계산하면 7+5=12예요. 십의 자리로 1을 받아올림한 다음, 십의 자리 수끼리 더하면 1+6+2=9예요. 슬기가 어제와 오늘 넘은 줄넘기 횟수는 모두 92번입니다.

① 82　　　② 72　　　③ 93
④ 61　　　⑤ 94　　　⑥ 43
⑦ 94　　　⑧ 56　　　⑨ 92

① 34, 37, 71 또는 37, 34, 71
② 29

① 두 자리 수가 적힌 수 카드 중에서 3장을 골라 덧셈식을 만들어야 해요. 십의 자리에 있는 수끼리 더해 나올 수 있는 가장 작은 수가 2+3=5이므로, 더한 값이 되는 수의 십의 자리 수는 5보다 커야 합니다. 따라서 더한 값이 되는 수는 71이에요. 남은 수 카드 중에서 일의 자리끼리 더해 1이 나오는 수를 모두 구합니다. 34+37=71이므로 답은 34, 37, 71입니다.

② □+16은 44보다 크고 44−16=28이므로 □에 들어갈 수 있는 가장 작은 수는 29입니다.

**5단계** 십의 자리에서 받아올림이 있는
(두 자리 수)+(두 자리 수)

## 배운 것을 기억해 볼까요? — 036쪽

1 79　　2 95　　3 61

## 개념 익히기 — 037쪽

1 (위에서부터) 1; 145
2 (위에서부터) 1; 117
3 (위에서부터) 1; 103
4 (위에서부터) 1; 129
5 (위에서부터) 1; 125
6 (위에서부터) 1; 138
7 (위에서부터) 1; 118
8 (위에서부터) 1; 136
9 (위에서부터) 1; 129
10 (위에서부터) 1; 126
11 (위에서부터) 1; 107

## 개념 다지기 — 038쪽

1 107　　2 146　　3 114
4 135　　5 159　　6 92
7 139　　8 127　　9 126
10 91　　11 109　　12 118
13 118　　14 129　　15 117

### 선생님놀이

3
$$\begin{array}{r} {}^{1}\\ 7\ 2 \\ +\ 4\ 2 \\ \hline 1\ 1\ 4 \end{array}$$
일의 자리 수끼리 더하면 2+2=4예요. 십의 자리 수끼리 더하면 7+4=11이므로 백의 자리로 1을 받아올림하여 백의 자리에 1을 써요. 따라서 답은 114예요.

14
$$\begin{array}{r} {}^{1}\\ 8\ 8 \\ +\ 4\ 1 \\ \hline 1\ 2\ 9 \end{array}$$
일의 자리 수끼리 더하면 8+1=9예요. 십의 자리 수끼리 더하면 8+4=12이므로 백의 자리로 1을 받아올림하여 백의 자리에 1을 써요. 따라서 답은 129예요.

## 개념 다지기 — 039쪽

1
$$\begin{array}{r} 3\ 1 \\ +\ 8\ 4 \\ \hline 1\ 1\ 5 \end{array}$$

2
$$\begin{array}{r} 5\ 2 \\ +\ 5\ 6 \\ \hline 1\ 0\ 8 \end{array}$$

3
$$\begin{array}{r} 6\ 2 \\ +\ 7\ 5 \\ \hline 1\ 3\ 7 \end{array}$$

4
$$\begin{array}{r} 9\ 4 \\ +\ 2\ 2 \\ \hline 1\ 1\ 6 \end{array}$$

5
$$\begin{array}{r} 7\ 2 \\ +\ 4\ 7 \\ \hline 1\ 1\ 9 \end{array}$$

6
$$\begin{array}{r} 2\ 6 \\ +\ 8\ 2 \\ \hline 1\ 0\ 8 \end{array}$$

7
$$\begin{array}{r} 2\ 3 \\ +\ 8\ 5 \\ \hline 1\ 0\ 8 \end{array}$$

8
$$\begin{array}{r} 8\ 8 \\ +\ 5\ 1 \\ \hline 1\ 3\ 9 \end{array}$$

9
$$\begin{array}{r} 4\ 3 \\ +\ 7\ 4 \\ \hline 1\ 1\ 7 \end{array}$$

10
$$\begin{array}{r} 7\ 6 \\ +\ 5\ 2 \\ \hline 1\ 2\ 8 \end{array}$$

11
$$\begin{array}{r} 6\ 3 \\ +\ 4\ 5 \\ \hline 1\ 0\ 8 \end{array}$$

12
$$\begin{array}{r} 9\ 1 \\ +\ 4\ 6 \\ \hline 1\ 3\ 7 \end{array}$$

### 선생님놀이

2
$$\begin{array}{r} 5\ 2 \\ +\ 5\ 6 \\ \hline 1\ 0\ 8 \end{array}$$
십의 자리 수와 일의 자리 수를 똑같은 자리에 맞춰 쓴 다음 일의 자리 수끼리 더하면 2+6=8이에요. 십의 자리 수끼리 더하면 5+5=10이므로 백의 자리로 1을 받아올림하여 백의 자리에 1을 써요. 따라서 답은 108이에요.

7
$$\begin{array}{r} 2\ 3 \\ +\ 8\ 5 \\ \hline 1\ 0\ 8 \end{array}$$
십의 자리 수와 일의 자리 수를 똑같은 자리에 맞춰 쓴 다음 일의 자리 수끼리 더하면 3+5=8이에요. 십의 자리 수끼리 더하면 2+8=10이므로 백의 자리로 1을 받아올림하여 백의 자리에 1을 써요. 따라서 답은 108이에요.

## 개념 키우기 — 040쪽

1 83, 76
2 (1) 식: 52+67=119　　답: 119
　(2) 식: 55+73=128　　답: 128
　(3) 식: 52+55=107　　답: 107

1 일의 자리 수끼리 더해서 9가 되는 수를 찾아요. 7+2=9, 3+6=9이므로 일의 자리 수가 7과 2인 두 수는 67과 52이고, 일의 자리 수가 3과 6인 두 수는 83과 76입니다. 67+52=119, 83+76=159이므로 수연이가 맞힌 두 수는 83, 76이에요.

2 (1) 수연이는 어제 52명, 오늘 67명에게 '좋아요'를 받았으므로 52+67을 계산해요. 일의 자리 수끼리 더하면 2+7=9, 십의 자리 수끼리 더하면 5+6=11이므로 백의 자리로 1을 받아올림하면 답은 119예요. 수연이가 어제와 오늘 받은 '좋아요'는 모두 119개입니다.

(2) 진우는 어제 55명, 오늘 73명에게 '좋아요'를 받았으므로 55+73을 계산해요. 일의 자리 수끼리 더하면 5+3=8, 십의 자리 수끼리 더하면 5+7=12이므로 백의 자리로 1을 받아올림하면 답은 128이에요. 진우가 어제와 오늘 받은 '좋아요'는 모두 128개입니다.

(3) 수연이는 어제 52명, 진우는 어제 55명에게 '좋아요'를 받았으므로 52+55를 계산해요. 일의 자리 수끼리 더하면 2+5=7, 십의 자리 수끼리 더하면 5+5=10이므로 백의 자리로 1을 받아올림하면 답은 107이에요. 수연이와 진우가 어제 받은 '좋아요'는 모두 107개입니다.

개념 다시보기　　　　　　　　041쪽

1 144　　　2 115　　　3 129
4 110　　　5 167　　　6 108
7 117　　　8 135　　　9 108
10 138　　　11 139　　　12 127

도전해 보세요　　　　　　　041쪽

1 136　　　　　　　2 110

1 (어떤 수)-62=74입니다. 어떤 수를 구하려면 62+74를 계산해야 해요. 일의 자리 수끼리 더하면 2+4=6, 십의 자리 수끼리 더하면 6+7=13이므로 백의 자리 수로 1을 받아올림하면 어떤 수는 136입니다.

2 일의 자리 수끼리 더하면 9+1=10이고 십의 자리로 1을 받아올림하여 십의 자리 수끼리 더하면 1+5+5=11이에요. 따라서 답은 110이에요.

6단계　받아올림이 두 번 있는
(두 자리 수)+(두 자리 수)

배운 것을 기억해 볼까요?　　　　042쪽

1 56　　　　　2 148　　　　3 157

개념 익히기　　　　　　　　043쪽

1 (위에서부터) 1, 1; 112
2 (위에서부터) 1, 1; 105
3 (위에서부터) 1, 1; 133
4 (위에서부터) 1, 1; 111
5 (위에서부터) 1, 1; 122
6 (위에서부터) 1, 1; 131
7 (위에서부터) 1, 1; 121
8 (위에서부터) 1, 1; 111
9 (위에서부터) 1, 1; 161
10 (위에서부터) 1, 1; 162
11 (위에서부터) 1, 1; 126

개념 다지기　　　　　　　　044쪽

1 134　　2 124　　3 123　　4 100　　5 150
6 141　　7 122　　8 140　　9 118　　10 153
11 92　　12 116　　13 99　　14 124　　15 161

선생님놀이

3
```
  1 1
    6 9
+ 5 4
  1 2 3
```
일의 자리 수끼리 더하면 9+4=13이에요. 십의 자리로 1을 받아올림한 다음, 십의 자리 수끼리 더하면 1+6+5=12이므로 백의 자리로 1을 받아올림하여 백의 자리에 1을 써요. 따라서 답은 123이에요.

14
```
  1 1
    3 6
+ 8 8
  1 2 4
```
일의 자리 수끼리 더하면 6+8=14예요. 십의 자리로 1을 받아올림한 다음, 십의 자리 수끼리 더하면 1+3+8=12이므로 백의 자리로 1을 받아올림하여 백의 자리에 1을 써요. 따라서 답은 124예요.

① 
```
    4 1
  + 5 9
  1 0 0
```
② 
```
    6 7
  + 5 4
  1 2 1
```
③ 
```
    3 8
  + 8 2
  1 2 0
```
④ 
```
    6 7
  + 8 9
  1 5 6
```
⑤ 
```
    5 8
  + 4 3
  1 0 1
```
⑥ 
```
    7 4
  + 5 8
  1 3 2
```
⑦ 
```
    3 5
  + 7 6
  1 1 1
```
⑧ 
```
    4 5
  + 8 7
  1 3 2
```
⑨ 
```
    6 9
  + 7 5
  1 4 4
```
⑩ 
```
    9 4
  + 5 7
  1 5 1
```
⑪ 
```
    6 3
  + 7 8
  1 4 1
```
⑫ 
```
    4 6
  + 8 5
  1 3 1
```

**선생님놀이**

⑤
```
  1 1
    5 8
  + 4 3
  1 0 1
```
십의 자리 수와 일의 자리 수를 똑같은 자리에 맞춰 쓴 다음 먼저 일의 자리 수끼리 더하면 8+3=11이에요. 십의 자리로 1을 받아올림한 다음, 십의 자리끼리 더하면 1+5+4=10이므로 백의 자리로 1을 받아올림하여 백의 자리에 1을 써요. 따라서 답은 101이에요.

⑦
```
  1 1
    3 5
  + 7 6
  1 1 1
```
십의 자리 수와 일의 자리 수를 똑같은 자리에 맞춰 쓴 다음 먼저 일의 자리 수끼리 더하면 5+6=11이에요. 십의 자리로 1을 받아올림한 다음, 십의 자리끼리 더하면 1+3+7=11이므로 백의 자리로 1을 받아올림하여 백의 자리에 1을 써요. 따라서 답은 111이에요.

① 식: 85+69=154    답: 154
② (1) 식: 76+78=154    답: 154
　 (2) 식: 93+59=152    답: 152
　 (3) 수빈이네

① 딸기를 민수는 85개, 동생은 69개 땄으므로 85+69를 계산해요. 일의 자리 수끼리 더하면 5+9=14예요. 십의 자리로 1을 받아올림한 다음, 십의 자리끼리 더하면 1+8+6=15이므로 백의 자리로 1을 받아올림해요. 답은 154입니다.

② (1) 수빈이네 학교 2학년 남학생은 76명, 여학생은 78명이므로 76+78을 계산해요. 일의 자리 수끼리 더하면 6+8=14예요. 십의 자리로 1을 받아올림한 다음, 십의 자리끼리 더하면 1+7+7=15이므로 백의 자리로 1을 받아올림해요. 답은 154입니다.

(2) 연아네 학교 2학년 남학생은 93명, 여학생은 59명이므로 93+59를 계산해요. 일의 자리 수끼리 더하면 3+9=12예요. 십의 자리로 1을 받아올림한 다음, 십의 자리끼리 더하면 1+9+5=15이므로 백의 자리로 1을 받아올림해요. 답은 152입니다.

(3) 수빈이네 학교 2학년 학생이 154명, 연아네 학교 2학년 학생이 152명이므로 두 수를 비교하면 154>152이므로 수빈이네 학교 학생이 더 많습니다.

① 123    ② 146    ③ 143
④ 105    ⑤ 130    ⑥ 151
⑦ 111    ⑧ 121    ⑨ 141
⑩ 122    ⑪ 114    ⑫ 126

① 131
② (위에서부터) 1, 1; 9, 1, 2

① 민준이가 줄넘기를 어제 53번, 오늘 78번 했으므로 53+78을 계산해요. 일의 자리 수끼리 더하면 3+8=11이에요. 십의 자리로 1을 받아올림한 다음, 십의 자리 수끼리 더하면 1+5+7=13이므로 백의 자리로 1을 받아올림해요. 답은 131입니다.

② 일의 자리에 있는 어떤 수와 7을 더했더니 일의 자리 수가 6이 되었습니다. 7과 더해 일의 자리 수가 6이 될 수 있는 수는 9예요. 9+7=16이므로 십의 자리로 1을 받아올림한 다음, 십의 자리 수끼리 더하면 1+6+5=12예요. 백의 자리로 1을 받아올림하여 빈칸을 모두 채울 수 있어요.

**7단계** 여러 가지 방법으로 덧셈하기

배운 것을 기억해 볼까요?　　　　　　　**048쪽**

1 117　　　2 133　　　3 102

개념 익히기　　　　　　　**049쪽**

1 (위에서부터) 82; 79, 82
2 (위에서부터) 82; 75, 82
3 (위에서부터) 86; 77, 86
4 (위에서부터) 62; 56, 62
5 (위에서부터) 93; 85, 93
6 (위에서부터) 52; 55, 52
7 (위에서부터) 111; 114, 111
8 (위에서부터) 82; 84, 82
9 (위에서부터) 112; 109, 112
10 (위에서부터) 111; 115, 111

개념 다지기　　　　　　　**050쪽**

1 (위에서부터) 84; 79, 84
2 (위에서부터) 74; 60, 14, 74
3 (위에서부터) 72; 60, 12, 72
4 (위에서부터) 93; 84, 93
5 (위에서부터) 80; 70, 10, 80
6 (위에서부터) 91; 82, 91
7 (위에서부터) 63; 65, 63
8 (위에서부터) 112; 113, 112
9 (위에서부터) 100; 30, 100

선생님놀이

3 ① 몇십끼리 더해요. 40+20=60
② 몇끼리 더해요. 7+5=12
③ 두 값을 더해요. 60+12=72

개념 다지기　　　　　　　**051쪽**

1 10, 31, 40　　　2 30, 50, 65
3 30, 76, 83　　　4 30, 100, 107
5 70, 161, 163　　6 30, 110, 119
7 20, 44, 41　　　8 70, 93, 92
9 2, 50, 102　　　10 40, 96, 95

선생님놀이

6 ① 몇십끼리 더해요. 80+30=110
② 몇끼리 더해요. 5+4=9
③ 두 값을 더해요. 110+9=119

10 39를 40−1로 생각하면 39+56=40+56−1이에요. 앞에서부터 계산하면 40+56=96이므로 96−1=95예요.

개념 키우기　　　　　　　**052쪽**

1 나림
2 (1) 방법 1 $97+38=135$
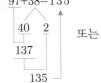
또는 $97+38=97+40-2$
$=137-2$
$=135$

(2) 방법 2 $97+38=135$
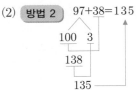
또는 $97+38=100+38-3$
$=138-3$
$=135$

(3) 방법 3 $97+38=135$
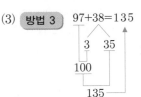
또는 $97+38=97+3+35$
$=100+35$
$=135$

1 33+58을 계산하는 덧셈식입니다. 33+50=83, 83+8=91이므로 주어진 계산 방법을 바르게 설명한 사람은 나림입니다.

1 (위에서부터) 61; 54, 61
2 (위에서부터) 75; 66, 75
3 (위에서부터) 63; 64, 63
4 (위에서부터) 83; 86, 83
5 (위에서부터) 104; 60, 104

**도전해 보세요**　　　　　　　053쪽

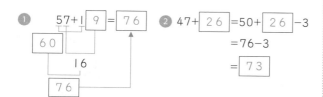

1 57+⬚9 = ⬚76
　60
　　16
　　76

2 47+⬚26 = 50+⬚26 −3
　　　　　= 76−3
　　　　　= ⬚73

1 일의 자리 수부터 계산하면 7과 어떤 수를 더하여 16이 되었으므로, 어떤 수는 9입니다. 십의 자리 수끼리 더하면 50+10=60이므로 60+16=76입니다.
2 47을 50−3으로 생각하여 덧셈을 한 계산입니다. 50과 더하여 76이 되는 수는 26이고 76−3=73입니다.

**8단계** (두 자리 수)−(한 자리 수)

**배운 것을 기억해 볼까요?**　　　　　054쪽

1 6　　　　2 8　　　　3 9

**개념 익히기**　　　　　　　055쪽

1 (위에서부터) 1, 10; 19
2 (위에서부터) 1, 10; 19
3 (위에서부터) 4, 10; 43
4 (위에서부터) 0, 10; 5
5 (위에서부터) 6, 10; 69
6 (위에서부터) 3, 10; 38
7 (위에서부터) 4, 10; 49
8 (위에서부터) 1, 10; 19
9 (위에서부터) 2, 10; 28
10 (위에서부터) 3, 10; 34
11 (위에서부터) 3, 10; 39

**개념 다지기**　　　　　　　056쪽

1 48　　　2 33　　　3 46
4 27　　　5 56　　　6 81
7 52　　　8 66　　　9 37
10 91　　11 19　　12 37
13 89　　14 48　　15 79

**선생님놀이**

3
```
    4  10
    5  0
 −     4
    4  6
```
빼는 수의 일의 자리 수가 더 크므로 십의 자리에서 받아내림하여 계산하면 10−4=6입니다. 십의 자리 수 5에서 받아내림했으므로 십의 자리 수는 4가 돼요. 따라서 답은 46이에요.

12
```
    3  10
    4  0
 −     3
    3  7
```
빼는 수의 일의 자리 수가 더 크므로 십의 자리에서 받아내림하여 계산하면 10−3=7이에요. 십의 자리 수 4에서 받아내림했으므로 십의 자리 수는 3이 돼요. 따라서 답은 37이에요.

**개념 다지기**　　　　　　　057쪽

1
```
  2  3
−    6
  1  7
```
2
```
  5  1
−    5
  4  6
```
3
```
  4  7
−    9
  3  8
```
4
```
  9  1
−    7
  8  4
```
5
```
  8  7
−    8
  7  9
```
6
```
  6  3
+    6
  6  9
```
7
```
  5  7
−    8
  4  9
```
8
```
  3  5
−    9
  2  6
```
9
```
  4  4
−    7
  3  7
```
10
```
  7  4
−    9
  6  5
```
11
```
  5  3
−    5
  4  8
```
12
```
  6  2
−    4
  5  8
```
13
```
  8  1
−    9
  7  2
```
14
```
  8  8
−    8
  8  0
```
15
```
  9  2
−    5
  8  7
```

선생님놀이

|     | 3 | 10 |
| --- | --- | --- |
| ⑨   | $\cancel{4}$ | 4 |
| −   |   | 7 |
|     | 3 | 7 |

십의 자리 수와 일의 자리 수를 똑같은 자리에 맞춰 씁니다. 빼는 수의 일의 자리 수가 더 크므로 십의 자리에서 받아내림하여 계산하면 14−7=7이에요. 십의 자리 수 4에서 받아내림했으므로 십의 자리 수는 3이 돼요. 따라서 답은 37이에요.

|     | 7 | 10 |
| --- | --- | --- |
| ⑬  | $\cancel{8}$ | 1 |
| −   |   | 9 |
|     | 7 | 2 |

십의 자리 수와 일의 자리 수를 똑같은 자리에 맞춰 씁니다. 빼는 수의 일의 자리 수가 더 크므로 십의 자리에서 받아내림하여 계산하면 11−9=2예요. 십의 자리 수 8에서 받아내림했으므로 십의 자리 수는 7이 돼요. 따라서 답은 72예요.

개념 키우기 058쪽

① 식: 28−9=19        답: 19
② (1) 식: 36−9=27        답: 27
　 (2) 식: 41−9=32        답: 32

① 연필 28자루를 장터에 내놓았더니 9자루가 팔렸으므로 28−9를 계산해요. 빼는 수의 일의 자리 수가 더 크므로 십의 자리에서 받아내림하여 계산하면 18−9=9입니다. 십의 자리 수 2에서 받아내림했으므로 십의 자리 수는 1이 됩니다. 남은 연필은 19자루예요.
② (1) 주원이 엄마는 36살, 주원이는 9살이므로 36−9를 계산해요. 빼는 수의 일의 자리 수가 더 크므로 십의 자리에서 받아내림하여 계산하면 16−9=7입니다. 십의 자리 수 3에서 받아내림했으므로 십의 자리 수는 2가 됩니다. 주원이는 엄마보다 27살 적어요.
　 (2) 주원이 아빠는 41살이므로 41−9를 계산해요. 빼는 수의 일의 자리 수가 더 크므로 십의 자리에서 받아내림하여 계산하면 11−9=2입니다. 십의 자리 수 4에서 받아내림했으므로 십의 자리 수는 3이 됩니다. 주원이는 아빠보다 32살 적어요.

개념 다시보기 059쪽

① 67      ② 73      ③ 79
④ 26      ⑤ 37      ⑥ 48
⑦ 58      ⑧ 46      ⑨ 76

도전해 보세요 059쪽

① 주원, 17
②

|     | ② | ⑩ |
| --- | --- | --- |
|     | 3 | 2 |
| −   |   | 6 |
|     | 2 | 6 |

① 제기를 주원이는 25개, 서준이는 8개 찼으므로 25와 8을 비교해요. 25가 더 큰 수이므로 주원이가 더 많이 찼습니다. 25−8을 계산하면 주원이가 몇 개 더 많이 찼는지 알 수 있어요. 빼는 수의 일의 자리 수가 더 크므로 십의 자리에서 받아내림하여 계산하면 15−8=7이에요. 십의 자리 수 2에서 받아내림했으므로 십의 자리 수는 1이 됩니다. 주원이는 서준이보다 17개 더 많이 찼어요.
② 빼는 수의 일의 자리 수가 더 크므로 십의 자리에서 받아내림했다는 것을 알 수 있어요. 뺄셈의 값이 26이므로 빈칸에 들어갈 십의 자리 수는 3이에요. 칸을 이렇게 채워 볼 수 있어요.

**9단계** (몇십)-(몇십몇)

배운 것을 기억해 볼까요?　**060쪽**

① 6　　②　16　　③　67

개념 익히기　**061쪽**

① (위에서부터) 4, 10; 33
② (위에서부터) 3, 10; 14
③ (위에서부터) 2, 10; 6
④ (위에서부터) 6, 10; 32
⑤ (위에서부터) 5, 10; 45
⑥ (위에서부터) 7, 10; 43
⑦ (위에서부터) 5, 10; 31
⑧ (위에서부터) 6, 10; 54
⑨ (위에서부터) 3, 10; 17
⑩ (위에서부터) 8, 10; 34
⑪ (위에서부터) 7, 10; 62

개념 다지기　**062쪽**

① 16　②　21　③　37　④　13　⑤ 8
⑥ 25　⑦　16　⑧　42　⑨　33　⑩ 32
⑪ 11　⑫　65　⑬　24　⑭　29　⑮ 18

**선생님놀이**

⑤ 빼는 수의 일의 자리 수가 더 크므로 십의 자리에서 받아내림하여 계산하면 10-2=8이에요. 십의 자리 수 2에서 받아내림했으므로 십의 자리 수끼리 계산하면 2-1-1=0이 돼요. 따라서 답은 8이에요.

⑮ 빼는 수의 일의 자리 수가 더 크므로 십의 자리에서 받아내림하여 계산하면 10-2=8이에요. 십의 자리 수 9에서 받아내림했으므로 십의 자리 수끼리 계산하면 9-1-7=1이 돼요. 따라서 답은 18이에요.

개념 다지기　**063쪽**

| | | | | | |
|---|---|---|---|---|---|
| ① | 30 -16 = 14 | ② | 60 -35 = 25 | ③ | 40 -29 = 11 |
| ④ | 90 -47 = 43 | ⑤ | 70 -38 = 32 | ⑥ | 17 +26 = 43 |
| ⑦ | 50 -36 = 14 | ⑧ | 80 -45 = 35 | ⑨ | 40 -27 = 13 |
| ⑩ | 50 -19 = 31 | ⑪ | 64 -34 = 30 | ⑫ | 90 -69 = 21 |
| ⑬ | 50 -23 = 27 | ⑭ | 80 -68 = 12 | ⑮ | 70 -46 = 24 |

**선생님놀이**

⑤ 십의 자리 수와 일의 자리 수를 똑같은 자리에 맞춰 씁니다. 빼는 수의 일의 자리 수가 더 크므로 십의 자리에서 받아내림하여 계산하면 10-8=2예요. 십의 자리 수 7에서 받아내림했으므로 십의 자리 수끼리 계산하면 7-1-3=3이 돼요. 따라서 답은 32예요.

⑩ 십의 자리 수와 일의 자리 수를 똑같은 자리에 맞춰 씁니다. 빼는 수의 일의 자리 수가 더 크므로 십의 자리에서 받아내림하여 계산하면 10-9=1이에요. 십의 자리 수 5에서 받아내림했으므로 십의 자리 수끼리 계산하면 5-1-1=3이 돼요. 따라서 답은 31이에요.

개념 키우기　**064쪽**

① 식: 30-14=16　　답: 16
② (1) 식: 60-38=22　　답: 22
　　(2) 식: 60-21=39　　답: 39

① 달걀 30개 중에서 14개를 사용했으므로 30−14를 계산해요. 빼는 수의 일의 자리 수가 더 크므로 십의 자리에서 받아내림하여 계산하면 10−4=6입니다. 십의 자리 수 3에서 받아내림했으므로 십의 자리 수끼리 계산하면 3−1−1=1이에요. 답은 16(개)입니다.

② (1) 전망대에서 38층 피난안전구역으로 내려가야 하므로 60−38을 계산해요. 빼는 수의 일의 자리 수가 더 크므로 십의 자리에서 받아내림하여 계산하면 10−8=2입니다. 십의 자리 수 6에서 받아내림했으므로 십의 자리 수끼리 계산하면 6−1−3=2예요. 답은 22(층)입니다.

　(2) 전망대에서 21층 피난안전구역으로 내려가야 하므로 60−21를 계산해요. 빼는 수의 일의 자리 수가 더 크므로 십의 자리에서 받아내림하여 계산하면 10−1=9입니다. 십의 자리 수 6에서 받아내림했으므로 십의 자리 수끼리 계산하면 6−1−2=3이에요. 답은 39(층)입니다.

개념 다시보기    **065쪽**

① 37　　② 22　　③ 13
④ 31　　⑤ 14　　⑥ 13
⑦ 44　　⑧ 25　　⑨ 37
⑩ 36　　⑪ 24　　⑫ 11

도전해 보세요    **065쪽**

① 37

②
```
      6  [10]
    [7]  2
 −  [3]  6
    3  [4]
```

① 위인전을 53쪽까지 읽었으므로 90−53을 계산해요. 빼는 수의 일의 자리 수가 더 크므로 십의 자리에서 받아내림하여 계산하면 10−3=7이에요. 십의 자리 수 9에서 받아내림했으므로 십의 자리 수끼리 계산하면 9−1−5=3이에요. 답은 37(쪽)입니다.

② 빼는 수의 일의 자리 수가 더 크므로 십의 자리에서 받아내림하여 계산하면 10−6=4예요. 값의 일의 자리 숫자는 4입니다. 십의 자리에서 받아내

림하고 남은 수가 6이므로 빼지는 수의 십의 자리 수는 7입니다. 십의 자리 수끼리 계산해 3이 나왔으므로 빼는 수의 십의 자리 수는 3이에요. 칸을 이렇게 채울 수 있어요.

## 10단계 (두 자리 수)−(두 자리 수)

배운 것을 기억해 볼까요?    **066쪽**

① 6　　② 25　　③ 24

개념 익히기    **067쪽**

① (위에서부터) 8, 10; 77
② (위에서부터) 4, 10; 16
③ (위에서부터) 7, 10; 28
④ (위에서부터) 5, 10; 29
⑤ (위에서부터) 3, 10; 29
⑥ (위에서부터) 8, 10; 23
⑦ (위에서부터) 7, 10; 9
⑧ (위에서부터) 6, 10; 48
⑨ (위에서부터) 4, 10; 15
⑩ (위에서부터) 5, 10; 43
⑪ (위에서부터) 2, 10; 8

개념 다지기    **068쪽**

① 28　　② 21　　③ 49
④ 6　　⑤ 36　　⑥ 14
⑦ 68　　⑧ 10　　⑨ 17
⑩ 29　　⑪ 58　　⑫ 15
⑬ 29　　⑭ 18　　⑮ 28

선생님놀이

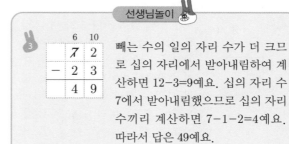

③
```
       6  10
      7  2
   −  2  3
      4  9
```
빼는 수의 일의 자리 수가 더 크므로 십의 자리에서 받아내림하여 계산하면 12−3=9예요. 십의 자리 수 7에서 받아내림했으므로 십의 자리 수끼리 계산하면 7−1−2=4예요. 따라서 답은 49예요.

**10**

```
    5 10
    6 1
  - 3 2
    2 9
```

빼는 수의 일의 자리 수가 더 크므로 십의 자리에서 받아내림하여 계산하면 11-2=9예요. 십의 자리 수 6에서 받아내림했으므로 십의 자리 수끼리 계산하면 6-1-3=2예요. 따라서 답은 29예요.

---

**개념 다지기** **069쪽**

**1**
```
    8 2
  - 4 5
    3 7
```

**2**
```
    7 4
  - 5 7
    1 7
```

**3**
```
    2 1
  - 1 2
      9
```

**4**
```
    6 3
  - 3 8
    2 5
```

**5**
```
    3 5
  - 1 9
    1 6
```

**6**
```
    8 6
  - 2 7
    5 9
```

**7**
```
    5 2
  + 3 6
    8 8
```

**8**
```
    7 3
  - 4 5
    2 8
```

**9**
```
    6 5
  - 3 7
    2 8
```

**10**
```
    9 7
  - 7 9
    1 8
```

**11**
```
    4 6
  - 2 5
    2 1
```

**12**
```
    7 4
  - 3 6
    3 8
```

**13**
```
    5 5
  - 1 9
    3 6
```

**14**
```
    6 3
  - 2 4
    3 9
```

**15**
```
    8 1
  - 5 3
    2 8
```

---

**선생님놀이**

**6**
```
    7 10
    8 6
  - 2 7
    5 9
```

십의 자리 수와 일의 자리 수를 똑같은 자리에 맞춰 씁니다. 빼는 수의 일의 자리 수가 더 크므로 십의 자리에서 받아내림하여 계산하면 16-7=9예요. 십의 자리 수 8에서 받아내림했으므로 십의 자리 수끼리 계산하면 8-1-2=5가 돼요. 답은 59예요.

**15**
```
    7 10
    8 1
  - 5 3
    2 8
```

십의 자리 수와 일의 자리 수를 똑같은 자리에 맞춰 씁니다. 빼는 수의 일의 자리 수가 더 크므로 십의 자리에서 받아내림하여 계산하면 11-3=8이에요. 십의 자리 수 8에서 받아내림했으므로 십의 자리 수끼리 계산하면 8-1-5=2가 돼요. 답은 28이에요.

---

**개념 키우기** **070쪽**

**1** 식: 42-17=25    답: 25
**2** (1) 식: 33-24=9    답: 9
   (2) 식: 33-15=18    답: 18
   (3) 식: 24-15=9    답: 9

**1** 계단 42칸 중 17칸을 올라갔으므로 남은 계단 수를 구하려면 42-17을 계산해요. 빼는 수의 일의 자리 수가 더 크므로 십의 자리에서 받아내림하여 계산하면 12-7=5예요. 십의 자리 수 4에서 받아내림했으므로 십의 자리 수끼리 계산하면 4-1-1=2가 돼요. 남은 계단은 25칸입니다.

**2** (1) 제기를 서준이는 33개, 강준이는 24개 찼으므로 33-24를 계산해요. 빼는 수의 일의 자리 수가 더 크므로 십의 자리에서 받아내림하여 계산하면 13-4=9예요. 십의 자리 수 3에서 받아내림했으므로 십의 자리 수끼리 계산하면 3-1-2=0이에요. 서준이는 강준이보다 제기를 9개 더 찼어요.

(2) 제기를 서준이는 33개, 민서는 15개 찼으므로 33-15를 계산해요. 빼는 수의 일의 자리 수가 더 크므로 십의 자리에서 받아내림하여 계산하면 13-5=8이에요. 십의 자리 수 3에서 받아내림했으므로 십의 자리 수끼리 계산하면 3-1-1=1이에요. 서준이는 민서보다 제기를 18개 더 찼어요.

(3) 제기를 강준이는 24개, 민서는 15개 찼으므로 24-15를 계산해요. 빼는 수의 일의 자리 수가 더 크므로 십의 자리에서 받아내림하여 계산하면 14-5=9예요. 십의 자리 수 2에서 받아내림했으므로 십의 자리 수끼리 계산하면 2-1-1=0이에요. 강준이는 민서보다 제기를 9개 더 찼어요.

---

**개념 다시보기** **071쪽**

**1** 9    **2** 34    **3** 27
**4** 55    **5** 26    **6** 17
**7** 16    **8** 39    **9** 27

1 9

2 42 (33) 50 (25)

1 서윤이는 딱지 21개 중 12개를 준수에게 주었으므로 서윤이에게 남은 딱지가 몇 개인지 알려면 21−12를 계산해요. 빼는 수의 일의 자리 수가 더 크므로 십의 자리에서 받아내림하여 계산하면 11−2=9예요. 십의 자리 수 2에서 받아내림했으므로 십의 자리 수끼리 계산하면 2−1−1=0이에요. 서윤이에게 남은 딱지는 모두 9개예요.

2 53에서 어떤 수를 뺐더니 16보다 큰 수가 되었습니다.

53−42=11
53−33=20
53−50=3
53−25=28

계산한 값이 16보다 큰 수가 되려면 □ 안에 33, 25가 들어가야 해요. 또는, 53−16을 계산하는 방법도 있어요. 53−16=37입니다. 빈칸에 들어갈 수 있는 수는 37보다 작아야 하므로 답은 33, 25예요.

---

**11단계** 여러 가지 방법으로 뺄셈하기

1 11    2 26    3 49

1 (위에서부터) 13; 11, 13
2 (위에서부터) 28; 27, 28
3 (위에서부터) 23; 25, 23
4 (위에서부터) 21; 23, 21
5 5, 17, 5, 12
6 1, 36, 1, 35
7 3, 34, 3, 31
8 2, 2, 18
9 31, 30, 23
10 54, 20, 19

1 (위에서부터) 17; 16, 17
2 (위에서부터) 18; 21, 18
3 (위에서부터) 27; 25, 27
4 5, 22, 5, 17
5 3, 31, 3, 28
6 2, 21, 2, 19
7 (위에서부터) 27; 30, 27
8 (위에서부터) 25; 30, 25
9 (위에서부터) 16; 20, 16
10 3, 30, 3, 27
11 1, 30, 1, 29
12 6, 10, 6, 4

선생님놀이

3 38을 40−2로 생각하여 65에서 40을 빼고 2를 더해요. 65에서 40을 빼면 25이고, 2를 더하면 27이에요.

9 빼지는 수 43과 일의 자리 수를 같게 하려면 빼는 수 27을 23+4로 생각하여 43에서 23을 빼고 4를 더 빼요. 43에서 23을 빼면 20이고, 4를 더 빼면 16이에요.

1 (위에서부터) 54; 52, 54
2 (위에서부터) 24; 27, 24
3 (위에서부터) 51; 52, 51
4 1, 1, 13
5 80, 12, 15
6 16, 20, 18
7 13, 20, 17
8 50, 23, 18
9 60, 35, 26

8 55를 50+5로 생각하여 73에서 50을 빼고 5를 더 빼요. 73에서 50을 빼면 23이고, 5를 더 빼면 18이에요.

1 3, 23, 3, 26

2 (1) 예 $84-57=84-50-7$
    $\qquad =34-7$
    $\qquad =27$

  (2) 예 $84-57=84-60+3$
    $\qquad =24+3$
    $\qquad =27$

  (3) 예 $84-57=84-54-3$
    $\qquad =30-3$
    $\qquad =27$

    예 $84-57=87-57-3$
    $\qquad =30-3$
    $\qquad =27$

---

1 53을 50+3으로 생각하므로 50에서 27을 먼저 빼고 3을 더해요.

2 (1) 57을 50+7로 생각하므로 84에서 50을 먼저 빼고 7을 더 빼요.
  (2) 57을 60으로 생각하므로 84에서 60을 먼저 빼고 더 뺀 3을 더해요.
  (3) 빼지는 수 84와 일의 자리 수를 같게 하려면 빼는 수 57을 54+3으로 생각하여 84에서 54를 빼고 3을 더 빼요. 또는 빼는 수 57과 일의 자리 수를 같게 하려면 84를 87−3으로 생각해야 하므로 87에서 57을 먼저 빼고 3을 더 빼요.

---

개념 다시보기 **077쪽**

1 (위에서부터) 33; 32, 33
2 (위에서부터) 38; 40, 38
3 2, 2, 43
4 22, 20, 16

---

도전해 보세요 **077쪽**

1 (1) $31-14=31-11-3$
    $\qquad =20-3$
    $\qquad =17$

  (2) $31-14=34-14-3$
    $\qquad =20-3$
    $\qquad =17$

2 (위에서부터) 33, 30, 39

---

1 (1) 일의 자리 수를 1로 같게 하려면 빼는 수 14를 11+3으로 생각하여 31에서 11을 빼고 3을 더 빼요.
  (2) 일의 자리 수를 4로 같게 하려면 빼지는 수 31을 34−3으로 생각하여 34에서 14를 빼고 3을 더 빼요.

2 $72-①=72-②-3$
  $\qquad =42-3$
  $\qquad =③$
  $72-②=42$이므로 ②=30입니다.
  $42-3=③$에서 $42-3=39$이므로 ③=39입니다.
  ②=30이므로 33을 30+3으로 생각하여 계산했음을 알 수 있습니다. 따라서 ①=33입니다.

---

**12단계** 덧셈과 뺄셈의 관계

배운 것을 기억해 볼까요? **078쪽**

1 27    2 26    3 53

---

개념 익히기 **079쪽**

1 22; 9        2 83; 83
3 65, 36; 65, 29   4 33, 42; 9, 42
5 9; 48       6 26, 16; 16, 26

---

개념 다지기 **080쪽**

1 47, 6; 6, 47      2 83; 83
3 37; 47        4 17, 63; 46, 63
5 52, 34; 52, 18    6 81, 64; 81, 17
7 83, 47; 83, 36    8 27, 46; 19, 46

3 덧셈식을 뺄셈식으로 나타내요. 두 수의 합 84 에서 각각 어느 한 수를 빼면 다른 한 수가 돼요. 84−37=47이고, 84−47=37이에요.

개념 다지기 **081쪽**

1
| 7 | 2 | − | 4 | 3 | = | 2 | 9 |
| 7 | 2 | − | 2 | 9 | = | 4 | 3 |

2
| 2 | 3 | + | 3 | 9 | = | 6 | 2 |
| 3 | 9 | + | 2 | 3 | = | 6 | 2 |

3
| 1 | 6 | + | 3 | 6 | = | 5 | 2 |
| 3 | 6 | + | 1 | 6 | = | 5 | 2 |

4
| 8 | 3 | − | 6 | 7 | = | 1 | 6 |
| 8 | 3 | − | 1 | 6 | = | 6 | 7 |

5
| 8 | 1 | − | 4 | 4 | = | 3 | 7 |
| 8 | 1 | − | 3 | 7 | = | 4 | 4 |

6
| 2 | 4 | + | 6 | 7 | = | 9 | 1 |
| 6 | 7 | + | 2 | 4 | = | 9 | 1 |

7
| 8 | 3 | − | 6 | 4 | = | 1 | 9 |
| 8 | 3 | − | 1 | 9 | = | 6 | 4 |

8
| 2 | 7 | + | 4 | 8 | = | 7 | 5 |
| 4 | 8 | + | 2 | 7 | = | 7 | 5 |

8
| 2 | 7 | + | 4 | 8 | = | 7 | 5 |
| 4 | 8 | + | 2 | 7 | = | 7 | 5 |

뺄셈식을 덧셈식으로 나타내요. 75에서 48을 빼면 27이므로 48과 27을 더하면 75예요. 27+48=75, 48+27=75예요.

---

개념 키우기 **082쪽**

1 83; 27/ 27; 83

2 (1) 식: 19+24=43 또는 24+19=43

   (2) 식: 43−19=24; 43−24=19

1 그림을 보면 27+56=83, 56+27=83임을 알 수 있어요. 덧셈식을 뺄셈식으로 나타내면 83−27=56, 83−56=27이에요.

2 (1) ☆ 모양 스티커는 19개이고, ♥ 모양 스티커는 24개이므로 전체 스티커의 수는 19+24=43이에요.

   (2) (1)의 덧셈식 19+24=43을 2개의 뺄셈식으로 나타내면 43−19=24, 43−24=19예요.

개념 다시보기 **083쪽**

1 13, 19, 32; 19, 13, 32/ 32, 13, 19; 32, 19, 13

2 27, 54, 81; 54, 27, 81/ 81, 27, 54; 81, 54, 27

3 37, 39, 76; 39, 37, 76/ 76, 37, 39; 76, 39, 37

도전해 보세요 **083쪽**

1 36; 56

2 29/ 7+29=36; 29+7=36

1 □+56=92 → 92−□=36에서 56+36=92임을 알 수 있어요. 따라서 □+56=92에서 □=36이고, 92−□=36에서 □=56이에요.

2 그림을 보면 7+□=36임을 알 수 있어요. 따라서 □=29예요. 2개의 덧셈식으로 나타내면 7+29=36, 29+7=36이에요.

## 13단계 ☐의 값 구하기

배운 것을 기억해 볼까요?  **084쪽**

① 5; 9  ② 8; 13

---

개념 익히기  **085쪽**

① 24+☐=35; 35−24=11

② ☐−6=17; 17+6=23 또는 6+17=23

③ 15+☐=43; 43−15=28

④ ☐−5=12; 12+5=17 또는 5+12=17

⑤ 12+☐=21; 21−12=9

⑥ 32−☐=16; 32−16=16

⑦ ☐+26=42; 42−26=16

⑧ ☐−9=55; 55+9=64 또는 9+55=64

⑨ ☐+19=77; 77−19=58

---

개념 다지기  **086쪽**

① 44−27=17  ② 62−34=28  ③ 86−59=27

④ 94−29=65  ⑤ 72−15=57  ⑥ 74−47=27

⑦ 91−63=28  ⑧ 32−19=13  ⑨ 55−36=19

⑩ 83−58=25  ⑪ 61−43=18

### 선생님놀이

🐰 ⑥ 덧셈식을 보고 뺄셈식으로 나타내면 47+☐=74 → 74−47=☐예요. 따라서 ☐=27이에요.

🐰 ⑪ 덧셈식을 보고 뺄셈식으로 나타내면 ☐+43=61 → 61−43=☐예요. 따라서 ☐=18이에요.

---

개념 다지기  **087쪽**

① 70−53=17  ② 93−79=14

③ 64−37=27  ④ 64−45=19

⑤ 82−44=38  ⑥ 55−47=8

⑦ 33−15=18  ⑧ 43−19=24

⑨ 71−24=47

---

### 선생님놀이

🐰 ① 뺄셈식을 보고 덧셈식으로 나타내면 70−☐=53 → 53+☐=70이에요. 이 식을 다시 뺄셈식으로 나타내면 70−53=☐이므로 ☐=70−53=17이에요.

---

개념 키우기  **088쪽**

① 28

② (1) 동생에게 준 초콜릿의 수

　　(2) 17−☐=8　　　답: 9

---

① 규영이와 강호가 가지고 있는 수 카드에 적힌 두 수의 합이 같으므로 39+26=37+㉠이에요. 65=37+㉠이므로 ㉠=65−37=28이에요.

② (1) 동생에게 초콜릿을 몇 개 주었는지 모르므로 동생에게 준 초콜릿의 수를 ☐로 나타내요.

　　(2) 준기가 초콜릿 17개 중에서 몇 개를 동생에게 주었더니 초콜릿이 8개 남았으므로 식으로 나타내면 17−☐=8이에요. 뺄셈식을 보고 덧셈식으로 나타내면 17−☐=8 → 8+☐=17이에요. 이 식을 다시 뺄셈식으로 나타내면 17−8=☐이므로 ☐=17−8=9예요.

---

개념 다시보기  **089쪽**

① 16+☐=43; 43−16=27

② ☐−9=25; 25+9=34 또는 9+25=34

③ ☐−17=32; 32+17=49 또는 17+32=49

④ ☐+22=31; 31−22=9

⑤ ☐+8=50; 50−8=42

⑥ 34−☐=19; 34−19=15

---

도전해 보세요  **089쪽**

① 식: 32−☐=14　　　답: 18

② 식: 35+☐=62　　　답: 27

① 바둑돌 32개에서 몇 개를 빼내고 14개가 남았으므로 빼낸 바둑돌의 개수를 □로 나타내어 식을 만들면 32-□=14예요. 뺄셈식을 보고 덧셈식으로 나타내면 32-□=14 → 14+□=32예요. 이 식을 다시 뺄셈식으로 나타내면 32-14=□이므로 □=32-14=18이에요.

② 그림을 보면 35+□=62임을 알 수 있어요. 덧셈식을 보고 뺄셈식으로 나타내면 35+□=62 → 62-35=□예요. 따라서 □=62-35=27이에요.

## 14단계  세 수의 덧셈

◀ 배운 것을 기억해 볼까요?                     090쪽

① 9
② 8
③ 9
④ 9

개념 익히기                                091쪽

① (위에서부터) 29; 21, 29
② (위에서부터) 40; 33, 33, 40
③ (위에서부터) 68; 50, 68
④ (위에서부터) 86; 62, 62, 86
⑤ (위에서부터) 110; 91, 110
⑥ (위에서부터) 108; 83, 83, 108

개념 다지기                                092쪽

① (위에서부터) 82; 55, 82
② (위에서부터) 101; 82, 101
③ (위에서부터) 119; 61, 119
④ (위에서부터) 88; 43, 88
⑤ (위에서부터) 72; 58, 72
⑥ (위에서부터) 124; 55, 124
⑦ (위에서부터) 177; 101, 177
⑧ (위에서부터) 127; 90, 127

 선생님놀이

④ 27과 16을 먼저 더하면 27+16=43이에요. 먼저 더한 값에 45를 더하면 43+45=88이에요.

개념 다지기                                093쪽

① 15 + 39 = 54 → 54 + 47 = 101
② 27 + 45 = 72 → 72 + 56 = 128
③ 19 + 46 = 65 → 65 + 18 = 83
④ 14 + 29 = 43 → 43 + 45 = 88
⑤ 64 + 29 = 93 → 93 + 58 = 151
⑥ 45 + 36 = 81 → 81 + 57 = 138
⑦ 26 + 37 = 63 → 63 + 67 = 130
⑧ 38 + 14 = 52 → 52 + 68 = 120

 선생님놀이

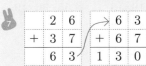

⑦ 26 + 37 = 63 → 63 + 67 = 130

앞에서부터 순서대로 26과 37을 더하면 26+37=63이에요. 먼저 더한 값에 67를 더하면 63+67=130이에요.

개념 키우기                                094쪽

① 29, 15, 36
② (1) 식: 27+9=36      답: 36
   (2) 식: 9+16=25      답: 25
   (3) 식: 27+25=52      답: 52

① 일의 자리 수끼리 더해서 끝자리가 0이 되는 세 수를 찾으면 (25, 29, 36), (29, 15, 36)이에요. 25+29+36=90, 29+15+36=80이므로 합이 80이 되는 세 수는 29, 15, 36입니다.
② (1) 민주는 윤수보다 9장 더 모았으므로 27+9=36(장)을 모았어요.
　(2) 민주는 윤수보다 9장 더 모았고, 세찬이는 민주보다 16장 더 모았으므로 세찬이는 윤수보다 9+16=25(장)을 더 모았어요.
　(3) 세찬이는 윤수보다 25장 더 모았으므로 27+25=52(장)을 모았어요.

개념 다시보기 **095쪽**

① (위에서부터) 96; 60, 60, 96
② (위에서부터) 90; 41, 90
③ (위에서부터) 95; 86, 95
④ (위에서부터) 146; 120, 146
⑤ (위에서부터) 115; 90, 115
⑥ (위에서부터) 122; 88, 122

도전해 보세요 **095쪽**

① 17; 11; 13　　　　　② 102

① 세 덧셈식에 공통으로 들어 있는 25와 어떤 수를 더해서 55가 되는 수는 25+■=55, ■=30이에요. 따라서 13+□=30, 19+□=30, 17+□=30이므로 □ 안에 알맞은 수를 각각 구하면 □=17, □=11, □=13이에요.
② 세 수의 덧셈은 더하는 순서를 다르게 해도 결과가 같아요. 따라서 19+36+47=102예요.

**15단계** 세 수의 뺄셈

배운 것을 기억해 볼까요? **096쪽**

① 2　　　　　② 2
③ 7　　　　　④ 8

개념 익히기 **097쪽**

① (위에서부터) 7; 23, 7
② (위에서부터) 11; 29, 11
③ (위에서부터) 12; 48, 12
④ (위에서부터) 11; 25, 11
⑤ (위에서부터) 9; 38, 38, 9
⑥ (위에서부터) 5; 22, 22, 5
⑦ (위에서부터) 21; 77, 77, 21
⑧ (위에서부터) 28; 43, 43, 28

개념 다지기 **098쪽**

① (위에서부터) 4; 21, 4
② (위에서부터) 9; 45, 9
③ (위에서부터) 8; 27, 8
④ (위에서부터) 28; 66, 28
⑤ (위에서부터) 15; 37, 15
⑥ (위에서부터) 21; 50, 21
⑦ (위에서부터) 13; 57, 13
⑧ (위에서부터) 25; 44, 25
⑨ (위에서부터) 13; 29, 13
⑩ (위에서부터) 7; 26, 7

선생님놀이

⑨ 76에서 47을 먼저 빼면 76-47=29이고, 29-16=13이에요.

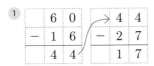

① 
| 6 | 0 | → | 4 | 4 |
|---|---|---|---|---|
| − 1 | 6 | | − 2 | 7 |
| 4 | 4 | | 1 | 7 |

② 
| 7 | 0 | → | 5 | 3 |
|---|---|---|---|---|
| − 1 | 7 | | − 3 | 4 |
| 5 | 3 | | 1 | 9 |

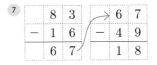 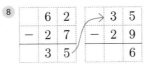

③ 
| 6 | 6 | → | 4 | 8 |
|---|---|---|---|---|
| − 1 | 8 | | − 1 | 9 |
| 4 | 8 | | 2 | 9 |

④ 
| 5 | 2 | → | 2 | 7 |
|---|---|---|---|---|
| − 2 | 5 | | − 1 | 6 |
| 2 | 7 | | 1 | 1 |

⑤ 
| 7 | 1 | → | 4 | 6 |
|---|---|---|---|---|
| − 2 | 5 | | − 2 | 7 |
| 4 | 6 | | 1 | 9 |

⑥ 
| 9 | 2 | → | 6 | 3 |
|---|---|---|---|---|
| − 2 | 9 | | − 3 | 5 |
| 6 | 3 | | 2 | 8 |

⑦ 
| 8 | 3 | → | 6 | 7 |
|---|---|---|---|---|
| − 1 | 6 | | − 4 | 9 |
| 6 | 7 | | 1 | 8 |

⑧ 
| 6 | 2 | → | 3 | 5 |
|---|---|---|---|---|
| − 2 | 7 | | − 2 | 9 |
| 3 | 5 | | | 6 |

**선생님놀이**

④ 
| 5 | 2 | → | 2 | 7 |
|---|---|---|---|---|
| − 2 | 5 | | − 1 | 6 |
| 2 | 7 | | 1 | 1 |

앞에서부터 순서대로 계산해요. 52에서 25를 먼저 빼면 52−25=27이고, 그 값에서 16을 빼면 27−16=11이에요.

① 식: 32−16−7=9　　　답: 9
② (1) 식: 75−29=46　　　답: 46
　　(2) 식: 46−37=9　　　답: 9

① 귤 32개 중에서 어제 먹은 귤 16개를 빼면 32−16=16이고, 남은 귤 중에서 오늘 먹은 귤 7개를 빼면 16−7=9(개)예요.
② (1) 코끼리열차에 타고 있던 어린이 75명 중에서 29명이 미술관에서 내렸으므로 코끼리열차에 남은 어린이는 75−29=46(명)이에요.
　　(2) 미술관에서 내리고 남은 어린이 46명 중 37명이 동물원에서 내렸으므로 코끼리열차에 남은 어린이는 46−37=9(명)이에요.

① (위에서부터) 10; 24, 10
② (위에서부터) 38; 47, 38
③ (위에서부터) 11; 38, 11
④ (위에서부터) 19; 38, 19
⑤ (위에서부터) 18; 77, 77, 18
⑥ (위에서부터) 45; 62, 62, 45

① <　　　　② 77

① 51−24−19를 앞에서부터 차례대로 계산하면 51−24=27, 27−19=8이고, 8은 10보다 작으므로 8<10이에요.
② 빈 곳을 □라고 하면 □−19−35=23 → □=23+35+19=77이에요.

## 16단계 세 수의 덧셈과 뺄셈

배운 것을 기억해 볼까요? **102쪽**

① 79
② 21
③ 96
④ 8

개념 익히기 **103쪽**

① (위에서부터) 11; 25, 11
② (위에서부터) 20; 11, 20
③ (위에서부터) 23; 37, 23
④ (위에서부터) 24; 40, 24
⑤ (위에서부터) 19; 53, 19
⑥ (위에서부터) 26; 8, 26
⑦ (위에서부터) 42; 20, 42
⑧ (위에서부터) 60; 24, 60

개념 다지기 **104쪽**

① (위에서부터) 23; 36, 23
② (위에서부터) 49; 60, 49
③ (위에서부터) 54; 10, 54
④ (위에서부터) 33; 14, 33
⑤ (위에서부터) 15; 36, 15
⑥ (위에서부터) 116; 38, 116
⑦ (위에서부터) 113; 51, 113
⑧ (위에서부터) 21; 97, 21

### 선생님놀이

⑥ 64에서 26을 먼저 빼면 64-26=38이고, 38+78 =116이에요.

개념 다지기 **105쪽**

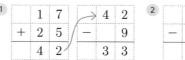
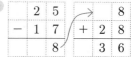
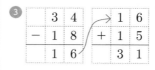
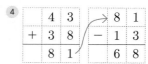
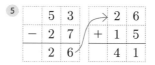
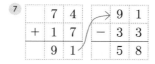

### 선생님놀이

| | 3 | 4 | | 1 | 6 |
|---|---|---|---|---|---|
| − | 1 | 8 | + | 1 | 5 |
| | 1 | 6 | | 3 | 1 |

앞에서부터 순서대로 계산해요. 34-18=16이고, 16+15=31이에요.

개념 키우기 **106쪽**

① (1) 16, 43
   (2) (위에서부터) 47; 83, 83, 47
② (1) 식: 25+47-37=35   답: 35
   (2) 식: 92-38-35=19   답: 19

① (1) 앞에서부터 순서대로 계산해요. 32-16=16이고, 16+27=43이에요.
   (2) 앞에서부터 순서대로 계산해요. 59+24=83이고, 83-36=47이에요.
② (1) 오늘 수린이는 효나가 어제 읽은 25쪽과 오늘 읽은 47쪽을 더한 것보다 37쪽 적게 읽었으므로 25+47-37=35(쪽)을 읽었어요.
   (2) 수린이가 동화책 전체 92쪽에서 어제 38쪽, 오늘 35쪽을 읽었으므로 남은 쪽수는 92-38-35=19(쪽)이에요.

1 (위에서부터) 29; 53, 29

2

|   | 6 | 2 |   |   | 8 | 1 |
|---|---|---|---|---|---|---|
| + | 1 | 9 | − |   | 4 | 5 |
|   | 8 | 1 |   |   | 3 | 6 |

3 (위에서부터) 39; 14, 39

4

|   | 7 | 7 |   |   | 5 | 9 |
|---|---|---|---|---|---|---|
| − | 1 | 8 | + |   | 4 | 6 |
|   | 5 | 9 |   | 1 | 0 | 5 |

5 (위에서부터) 38; 74, 38

6

|   | 9 | 1 |   |   | 5 | 8 |
|---|---|---|---|---|---|---|
| − | 3 | 3 | + |   | 2 | 7 |
|   | 5 | 8 |   |   | 8 | 5 |

1 65, 55, 33          2 +, −

> 1 수 카드에 있는 수 65, 33, 55를 이용하여 세 수의 덧셈과 뺄셈을 하면 65+33−55=43, 65+55−33=87, 55+33−65=23이므로 앞에서부터 순서대로 65, 55, 33이에요.
> 2 42+32−60=14, 42−32+60=70이므로 ○ 안에 알맞은 기호는 +, −예요.

---

## 17단계 묶어 세기

1 10          2 15

3 6           4 20

1 5; 2, 4, 6, 8, 10
2 4; 3, 6, 9, 12
3 3; 4, 8, 12
4 2; 6, 12
5 5; 5, 10, 15, 20, 25
6 3; 10, 20, 30

1 (1) 예

6; 4, 6, 8, 10, 12

(2) 예

3; 8, 12

2 (1) 예

2; 16

(2) 예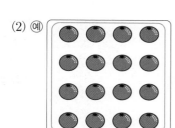

1; 16

③ (1) 예

3; 10, 15

(2) 예

5; 6, 9, 12, 15

④ (1) 예

6; 6, 9, 12, 15, 18

(2) 예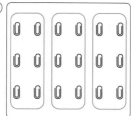

3; 12, 18

 선생님놀이

③ (1) 자동차를 5대씩 묶으면 3묶음이에요. 5씩 묶어 세면 5−10−15예요.
(2) 자동차를 3대씩 묶으면 5묶음이에요. 3씩 묶어 세면 3−6−9−12−15예요.

1 예

2; 10

2 예

5; 10

3 예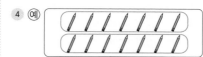

7; 14

4 예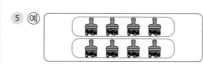

2; 14

5 예

2; 8

6 예

4; 8

7 예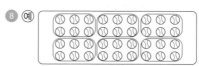

9; 36

8 예

6; 36

 선생님놀이

8 야구공을 6개씩 묶으면 6묶음이므로 6씩 묶어 세면 6−12−18−24−30−36이에요. 따라서 6씩 6묶음은 36이에요.

1 30

2 (1) 8  (2) 4  (3) 2  (4) 16

---

1 예 공깃돌을 5개씩 묶으면 6묶음이므로 5씩 묶어 세면 5-10-15-20-25-30이에요.
이 외에도 여러 가지 방법으로 묶어 셀 수 있어요.

2 (1) 의자를 2개씩 묶으면 8묶음이에요.
(2) 의자를 4개씩 묶으면 4묶음이에요.
(3) 의자를 8개씩 묶으면 2묶음이에요.
(4) 의자를 2개씩 묶으면 8묶음, 4개씩 묶으면 4묶음, 8개씩 묶으면 2묶음이므로 의자의 수는 모두 16개예요.

---

1 6, 12; 3, 12

2 8, 24; 3, 24

3 5, 20; 4, 20

---

1 3씩 8묶음, 4씩 6묶음, 8씩 3묶음, 12씩 2묶음에 ◯표

2 28

---

1 로켓의 수는 모두 24예요.
3씩 묶으면 3-6-9-12-15-18-21-24
4씩 묶으면 4-8-12-16-20-24
6씩 묶으면 6-12-18-24
8씩 묶으면 8-16-24

2 7씩 4묶음은 7-14-21-28이므로 연필은 모두 28자루예요.

---

## 18단계 몇의 몇 배

1 2, 4, 6   2 3, 6, 9, 12   3 5, 10

1 4, 20        2 3, 21
3 5, 25        4 7, 63
5 6, 42        6 6, 48

1 5, 30      2 3, 21      3 4, 32
4 5, 25      5 6, 54      6 3, 15

---

선생님놀이

3 컵케이크가 4개씩 8묶음 있어요. 4개씩 8묶음은 4의 8배와 같아요. 4의 8배는 32예요.

---

1 예

(위에서부터) 3, 18; 3, 18

2 예

(위에서부터) 4, 28; 4, 28

3 예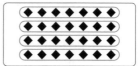

(위에서부터) 4, 28; 4, 28

4 (예)

(위에서부터) 5, 25; 5, 25

5 (예)

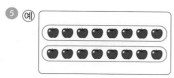

(위에서부터) 2, 16; 2, 16

6 (예)

(위에서부터) 2, 16; 2, 16

선생님놀이

⑤ 사과를 8씩 묶으면 2묶음이 돼요. 8씩 2묶음은 8의 2배와 같아요. 8의 2배는 16이에요.

---

개념 키우기                                    118쪽

1

2 (1) 3    (2) 6    (3) 2

2 (1) 긴 연필은 18 cm, 짧은 연필은 6 cm입니다. 6씩 3번 뛰어 세면 6-12-18이므로 18은 6의 3배예요. 긴 연필 길이는 짧은 연필 길이의 3배입니다.
   (2) 지우개 길이는 3 cm예요. 3씩 6번 뛰어 세면 3-6-9-12-15-18이므로 18은 3의 6배예요. 긴 연필의 길이는 지우개 길이의 6배입니다.
   (3) 3씩 2번 뛰어 세면 3-6이므로 6은 3의 2배예요. 짧은 연필의 길이는 지우개 길이의 2배입니다.

---

개념 다시보기                                   119쪽

1 4, 24          2 6, 30
3 7, 21          4 3, 15

---

도전해 보세요                                   119쪽

1 18             2 5

1 세인이는 사탕을 6개, 효나는 세인이가 가진 사탕 수의 3배를 가지고 있으므로 효나가 가지고 있는 사탕의 수는 6의 3배예요. 6씩 3번 뛰어 세면 6-12-18이므로 효나가 가지고 있는 사탕은 모두 18개예요.
2 지훈이는 블록을 2개, 윤수는 블록을 10개 가지고 있어요. 10을 2씩 묶으면 5묶음이에요. 2씩 5묶음은 2의 5배와 같으므로 윤수가 가진 블록 수는 지훈이가 가진 블록 수의 5배입니다.

---

19단계  곱셈식 1

배운 것을 기억해 볼까요?                         120쪽

1 4              2 5
3 3, 2           4 5, 3

---

개념 익히기                                    121쪽

1 (위에서부터) 4, 4, 4, 12; 4, 3, 12
2 (위에서부터) 6; 2, 3, 6
3 (위에서부터) 20; 5, 4, 20
4 (위에서부터) 35; 7, 5, 35
5 (위에서부터) 42; 7, 6, 42

---

개념 다지기                                    122쪽

1 (위에서부터) 40; 8, 5, 40
2 (위에서부터) 25; 5, 5, 25
3 (위에서부터) 10; 2, 5, 10
4 (위에서부터) 24; 6, 4, 24
5 (위에서부터) 20; 4, 5, 20
6 (위에서부터) 27; 9, 3, 27

6 풀이 9개씩 3묶음이므로 9+9+9=27로 나타낼 수 있어요. 곱셈식으로 나타내면 9×3=27이에요.

개념 다지기 **123쪽**

1 덧셈식: 4+4+4+4+4+4=24
곱셈식: 4×6=24
2 덧셈식: 3+3+3+3+3=15
곱셈식: 3×5=15
3 덧셈식: 5+5+5+5+5+5+5=35
곱셈식: 5×7=35
4 덧셈식: 6+6+6+6=24
곱셈식: 6×4=24
5 덧셈식: 9+9+9=27
곱셈식: 9×3=27
6 덧셈식: 3+3+3+3=12
곱셈식: 3×4=12

4 우유가 6개씩 4묶음이므로 6+6+6+6=24로 나타낼 수 있어요. 곱셈식으로 나타내면 6×4=24예요.

개념 키우기 **124쪽**

1 식: 6×3=18    답: 18
2 (1) 식: 5×5=25    답: 25
 (2) 식: 2×5=10    답: 10

1 파란색 구슬은 3개씩 2개의 주머니에 들어 있으므로 3×2=6(개)예요. 노란색 구슬의 수는 파란색 구슬 수의 3배이므로 6+6+6=6×3=18(개)입니다.
2 (1) 한 명이 보를 낼 때 펼쳐진 손가락은 5개입니다. 5명이 모두 보를 내면 펼쳐진 손가락은 모두 5+5+5+5+5=5×5=25(개)입니다.
 (2) 한 명이 가위를 낼 때 펼쳐진 손가락은 2개입니다. 5명이 모두 가위를 내면 펼쳐진 손가락은 모두 2+2+2+2+2=2×5=10(개)입니다.

개념 다시보기 **125쪽**

1 (위에서부터) 3; 3; 3, 12
2 (위에서부터) 9; 9; 2, 9, 18
3 (위에서부터) 5; 5; 3, 5, 15
4 (위에서부터) 4; 4; 6, 4, 24
5 (위에서부터) 5; 5; 8×5=40
6 (위에서부터) 6; 6; 7×6=42

도전해 보세요 **125쪽**

1 21          2 45

1 과자가 한 줄에 3개씩 7줄 진열되어 있으므로 진열된 과자는 모두 3+3+3+3+3+3+3=3×7=21(개)예요.
2 한 상자에 9개씩 5상자이므로 사과는 모두 9+9+9+9+9=9×5=45(개)예요.

**20단계** 곱셈식 2

배운 것을 기억해 볼까요? **126쪽**

1 (위에서부터) 6, 6, 12; 6, 2, 12
2 (위에서부터) 3, 3, 3, 9; 3, 3, 9

개념 익히기 **127쪽**

1 4, 5, 20      2 3, 6, 18
3 9, 5, 45      4 7, 7, 49
5 6, 6, 36      6 8, 5, 40

개념 다지기 **128쪽**

1 4, 6, 24      2 2, 6, 12
2 3, 5, 15      4 5, 5, 25
5 8, 3, 24      6 7, 3, 21

③ 배가 3척씩 5묶음 있어요. 곱셈식으로 나타내면 3×5=15예요.

---

개념 다지기 **129쪽**

① 2×6=12
② 4×5=20
③ 5×9=45
④ 3×5=15
⑤ 4×6=24
⑥ 6×5=30

 선생님놀이

⑥ 컵케이크가 6개씩 5묶음 있어요. 곱셈식으로 나타내면 6×5=30이에요.

---

개념 키우기 **130쪽**

① 식: 6×4=24    답: 24
② (1) 식: 3×5=15    답: 15
   (2) 식: 2×6=12    답: 12
   (3) 식: 3×7=21    답: 21

---

① 도형 하나에 필요한 성냥개비는 6개예요. 그림과 같은 도형을 4개 만든다고 했으므로 필요한 성냥개비 수는 6개씩 4묶음이에요. 곱셈식으로 나타내면 6×4=24입니다. 모두 24개의 성냥개비가 필요해요.

② (1) 세발자전거 한 대에는 바퀴가 3개씩 있어요. 세발자전거 5대의 바퀴 수는 3개씩 5묶음과 같아요. 곱셈식으로 나타내면 3×5=15입니다. 답은 15개예요.

   (2) 오리 한 마리는 다리가 2개입니다. 오리 6마리의 다리 수는 2개씩 6묶음과 같아요. 곱셈식으로 나타내면 2×6=12입니다. 답은 12개예요.

   (3) 풍선이 3개씩 7묶음 있으므로 곱셈식으로 나타내면 3×7=21입니다. 답은 21개예요.

---

개념 다시보기 **131쪽**

① 2×7=14
② 4×5=20
③ (예) 5×6=30
④ (예) 7×3=21

---

도전해 보세요 **131쪽**

① 24

② 
| 2 | 4 | 6 | 8 |
|---|---|---|---|
| 9 | 3 | 2 | 3 |
| 6 | 8 | 5 | 7 |
| 4 | 1 | 8 | 3 |

① 크레파스는 한 줄에 8개씩 3줄 있으므로 8개씩 3묶음이에요. 곱셈식으로 나타내면 8×3=24예요. 답은 24개입니다.

② 3-6-9-12-15-18-21-24이므로 3×8=24입니다.
8-16-24이므로 8×3=24입니다.
4-8-12-16-20-24이므로 4×6=24입니다.
6-12-18-24이므로 6×4=24입니다.
이렇게 곱셈식의 결과가 24가 되는 이웃하는 두 수를 모두 찾아 묶으면 그림과 같이 돼요.

| 2 | 4 | 6 | 8 |
|---|---|---|---|
| 9 | 3 | 2 | 3 |
| 6 | 8 | 5 | 7 |
| 4 | 1 | 8 | 3 |

수고하셨어요.
다음 단계로 같이 가요!

## 연산의 **발견** 3권

지은이 | 전국수학교사모임 개념연산팀

초판 1쇄 발행일 2020년 1월 23일
초판 2쇄 발행일 2022년 3월 21일
개정판 1쇄 발행일 2024년 1월 12일

발행인 | 한상준
편집 | 김민정 · 강탁준 · 손지원 · 최정휴 · 허영범
삽화 | 조경규
디자인 | 김경희 · 김성인 · 김미숙 · 정은예
마케팅 | 이상민 · 주영상
관리 | 양은진

발행처 | 비아에듀(ViaEdu Publisher)
출판등록 | 제313-2007-218호(2007년 11월 2일)
주소 | 서울시 마포구 연남동 월드컵북로6길 97(연남동 567-40) 2층
전화 | 02-334-6123 전자우편 | crm@viabook.kr
홈페이지 | viabook.kr

ⓒ 전국수학교사모임 개념연산팀, 2020
ISBN 979-11-92904-50-4 64410
ISBN 979-11-92904-47-4 (2학년 세트)